中国生态文明理论与实践研究丛书

中国环保信用制度发展报告

China's Environmental Credit System Development Report

李萱 李华友 韩文亚 文秋霞／著

SSAP 社会科学文献出版社
SOCIAL SCIENCES ACADEMIC PRESS (CHINA)

前 言

环保信用制度在我国生态环境政策体系中独具特色，从 20 世纪末到现在，经历了长时间的实践探索、创新，综合运用行政、经济、法律、社会手段，逐步形成以环保信用信息公开和共享为核心，以企业环保信用评价和第三方环保服务机构信用管理为支柱，覆盖生态环境监管、绿色金融、价格税收等多应用场景的制度和工作体系。生态环境部环境与经济政策研究中心环保信用研究团队长期跟踪、研究环保信用制度的实践创新与理论进展。本书凝聚了研究团队多年来在环保信用制度方面的研究成果，梳理了环保信用制度的起源、政策脉络、实践进展，总结成效、分析问题，提出了政策建议。

近年来，我国的社会信用体系建设不断深化，生态文明建设持续推进，环保信用制度从最初的试点、探索到逐步完善，开始进入体系化、规范化、法制化阶段。在环保信用制度不断探索、快速发展、深化改革的过程中，我们非常需要及时总结成效和经验，也需要深刻领会、应用相关的政策和法律法规。因此，本书尽力客观地呈现环保信用制度的进展情况。本书以环保信用制度相关政策的制定和实施为线索，对我国环保信用制度的发展进行总结、分析和展望，以为下一阶段的制度改革和实践探索提供借鉴。

本书在撰写、研究过程中开展了较大规模的问卷调查，多次到实地开展调研，感谢帮助、参与我们开展问卷调查的生态环境部门、企业、行业协会。此外，还要感谢湖南大学硕士研究生朱芷萱参与了环保信用制度基本实施情况方面的研究，通过网络检索各地企业环保信用评价的实施情况并进行了初步的数据分析；中国政法大学硕士研究生李晓菡从事了部分校对工作。

环保信用制度同样获得了社会各界的关注，我们注意到很多专家、学者关注环保信用监管的法律性质、制度功能、政策作用机制等问题，各种媒体关注环保信用评价、环保信用修复、信用信息公开、信用承诺等环节。环保信用制度在实践中发展迅速，本书的数据多为检索公开网站或已出版文献所得，少部分数据为我们在开展的实地调研过程中获取。本书的数据或对数据的分析与现实情况若有出入，欢迎相关专家、学者等向我们提出宝贵的意见和建议。习近平总书记在全国生态环境保护大会上提出，加快构建环保信用监管体系。我们相信，对环保信用制度的研究方兴未艾，会有越来越多的有识之士关注环保信用制度，我们也将和各位一道推动环保信用制度的发展。本书的出版，希望与理论界、实务界共享我们在环保信用制度方面的研究成果，我们也非常欢迎与社会各界开展学术交流和讨论，共同为加快构建环保信用监管体系贡献一份力量！

目　录

一　导论

党中央、国务院对社会信用体系高度重视，习近平总书记强调，社会主义市场经济是信用经济。① 党的二十大报告提出，要“完善产权保护、市场准入、公平竞争、社会信用等市场经济基础制度”。②《优化营商环境条例》第53条规定，“政府及其有关部门应当按照国家关于加快构建以信用为基础的新型监管机制的要求，创新和完善信用监管，强化信用监管的支撑保障，加强信用监管的组织实施，不断提升信用

① 《习近平：在企业家座谈会上的讲话（2020年7月21日）》，https://www.ccps.gov.cn/xxsxk/zyls/202007/t20200721_142450.shtml，最后访问日期：2023年10月7日。

② 《高举中国特色社会主义伟大旗帜 为全面建设社会主义现代化国家而团结奋斗——在中国共产党第二十次全国代表大会上的报告》，https://www.gov.cn/xinwen/2022-10/25/content_5721685.htm，最后访问日期：2023年10月17日。

监管效能”。①

环保信用制度是我国社会信用体系建设的重要组成部分，习近平总书记多次发表关于环保信用的重要讲话，党的十九大报告提出“健全环保信用评价”“提高污染排放标准，强化排污者责任，健全环保信用评价、信息强制性披露、严惩重罚等制度”。② 2023 年 7 月 28 日，习近平总书记在全国生态环境保护大会上强调，要“加快构建环保信用监管体系”。③

党中央国务院在重要政策文件中多次提出完善环保信用制度的要求。2022 年 3 月 29 日，中共中央办公厅、国务院办公厅印发《关于推进社会信用体系建设高质量发展促进形成新发展格局的意见》，提出“完善生态环保信用制度。全面实施环保、水土保持等领域信用评价，强化信用评价结果共享运用。深化环境信息依法披露制度改革，推动相关企事业单位依法披露环境信息。聚焦实现碳达峰碳中和要求，完善全国碳排放权交易市场制度体系，加强登记、交易、结算、核查等环节信用监管。发挥政府监管和行业自律作用，建立健全对排放单位弄虚作

---

① 《优化营商环境条例》，https：//flk. npc. gov. cn/detail2. html？ZmY4MDgwODE2ZjNjYmIzYzAxNmY0MTQ3YzQ4MjFmZjE，最后访问日期：2023 年 10 月 17 日。

② 《决胜全面建成小康社会 夺取新时代中国特色社会主义伟大胜利——在中国共产党第十九次全国代表大会上的报告》，https：//www. gov. cn/zhuanti/2017-10/27/content_ 5234876. htm，最后访问日期：2023 年 10 月 17 日。

③ 《习近平在全国生态环境保护大会上强调 全面推进美丽中国建设 加快推进人与自然和谐共生的现代化》，https：//www. ccps. gov. cn/xtt/202307/t20230718_158686. shtml，最后访问日期：2023 年 10 月 17 日。

假、中介机构出具虚假报告等违法违规行为的有效管理和约束机制”。①2020 年 3 月 3 日，中共中央办公厅、国务院办公厅印发的《关于构建现代环境治理体系的指导意见》提出，“完善企业环保信用评价制度，依据评价结果实施分级分类监管。建立排污企业黑名单制度，将环境违法企业依法依规纳入失信联合惩戒对象名单，将其违法信息记入信用记录，并按照国家有关规定纳入全国信用信息共享平台，依法向社会公开。建立完善上市公司和发债企业强制性环境治理信息披露制度”。②2021 年 11 月 2 日，中共中央、国务院印发《关于深入打好污染防治攻坚战的意见》，要求“全面实施环保信用评价”③。

生态环境领域的法律法规规定，要建立相关主体的信用记录，并向社会公布违法者名单。《中华人民共和国环境保护法》《中华人民共和国环境影响评价法》《中华人民共和国土壤污染防治法》《中华人民共和国固体废物污染环境防治法》《建设项目环境保护管理条例》规定，将相关企业事业单位和其他生产经营者，建设项目环境影响报告书或环境影响报告表编制单位、编制主持人和主要编制人员，从事土壤污染状况调查和土壤污染风险评估、风险管控、修复、风险管控效果评估、修复效果评估、后期管理等活动的单位和个人，收集、贮存、运输、利

---

① 《中共中央办公厅 国务院办公厅印发〈关于推进社会信用体系建设高质量发展促进形成新发展格局的意见〉》，https：//www.gov.cn/gongbao/content/2022/content_5686028.htm，最后访问日期：2023 年 10 月 17 日。

② 《中共中央办公厅 国务院办公厅印发〈关于构建现代环境治理体系的指导意见〉》，https：//www.gov.cn/zhengce/2020-03/03/content_5486380.htm，最后访问日期：2023 年 10 月 17 日。

③ 《中共中央 国务院关于深入打好污染防治攻坚战的意见》，https：//www.gov.cn/zhengce/2021-11/07/content_5649656.htm，最后访问日期：2023 年 10 月 17 日。

用、处置固体废物的单位和其他生产经营者等主体的建设项目有关环境违法信息记入社会诚信档案，及时向社会公布违法者名单。

从实践层面看，目前全国31个省（区、市）在不同程度上开展了环保信用评价管理，各地不断规范环保信用评价方法和流程，推动环保信用评价信息共享和公开，强化环保信用评价结果的应用，基本建立了以环保信用信息公开和共享为核心，以环保信用评价为支撑，覆盖生态环境监管、绿色金融、价格税收等多应用场景的环保信用制度体系。

（一）研究范围

环保信用制度中的“环保信用”内涵丰富，可以从两个维度理解“环保信用”的内涵。首先，从个体的维度看，环保信用是信用主体的一种状态或能力。有学者提出，信用有两种存在类型——规则信用和承诺信用。其中，规则信用是指遵守规则的品行，承诺信用是遵守承诺的品行。[①] 有学者提出社会信用的表述，将社会信用界定为具有完全行为能力的自然人、法人和非法人组织，履行法定或者约定义务的状况。[②] 有学者认为，信用是一定主体履行法定义务和约定义务的状况。[③] 国家推荐标准

---

① “规则信用是一定条件下的一种普遍性的约定形式，包括由这种规则引发的关联方式、守规要求及其相应的品行。一般而言，规则信用常常是一种集体意志或社会理性的反映，如政府的政令、法律规定、道德准则乃至特定机构的规章制度等。承诺信用是一定条件下的一种个别性的约定形式，包括由这种承诺引发的特定的权利和义务关系、守诺要求及其相应的品行。承诺信用是单个个体或人格化的集体之间协商的产物，它的规约要求不是预制的，而是双方或多方因某种实际需要商定的结果。”（王淑芹：《信用概念疏义》，《哲学动态》2004年第3期）

② 罗培新：《遏制公权与保护私益：社会信用立法论略》，《政法论坛》2018年第6期。

③ 沈凯、王雨本：《信用立法的法理分析》，《中共中央党校学报》2009年第3期，第54页。

《信用基本术语》（中华人民共和国国家标准 GB/T22117—2018）中对信用的界定为："个人或组织履行承诺的意愿和能力。"并做出以下三个注解：（1）"承诺包括法规和强制性标准规定的、合同条款等契约约定的、社会合理期望等社会责任的内容"；（2）"在经济领域，信用的含义等同于交易信用，是指交易各方在信任基础上，不用立即付款或担保就可获得资金、物资或服务的能力。这种能力以在约定期限内履约为条件，并可以使用货币单位直接度量"；（3）在社会领域，信用难以用货币衡量。在此意义上，环保信用是信用主体遵守生态环境法律法规或承诺的能力。其次，从社会维度看，环保信用可以作为一种监管工具发挥其特有的作用，以信用主体的守法状态作为信用衡量维度的公共管理手段，[①] 是行政部门为了实现监管目标而采取的一种公共管理手段或管理工具，是公共信用在突破借贷、金融之狭义信用范畴的基础上，表征自然人、法人和非法人组织在公权力机关依法履行职责和提供服务过程中履行法定义务或约定义务的状态，[②] 是社会成员对法律和管理秩序的"遵从度"（compliance）。[③]

---

① "公共信用，就是指以遵守法定义务状态为衡量维度的信用形式。申言之，所谓公共信用，就是以信用主体的守法状态作为信用衡量维度，由具有公共管理职能的主体运用专门信用管理手段所实施的公共管理活动。其中，信用主体是指任何具有守法义务的单位和个人，具有公共管理职能的主体包括行政机关、司法机关及其他具有法定职权的组织。专门信用管理手段则包括信用信息利用、失信惩戒、信用修复、守信激励等专业化的信用管理工具。"（王伟：《公共信用的正当性基础与合法性补强——兼论社会信用法的规则设计》，《环球法律评论》2021年第5期）

② 莫林：《公共信用制度的法理重构》，博士学位论文，西南政法大学法学理论专业，2021。

③ 王锡锌、黄智杰：《论失信约束制度的法治约束》，《中国法律评论》2021年第1期。

本书所称环保信用制度是指围绕环保信用评价逐步发展起来的，包括事前环保信用承诺，事中环保信用信息公开和共享、分级分类监管，事后依法联合奖惩、信用修复等环节，以企业环保信用评价和第三方环保服务机构信用管理为支柱，以环保信用信息公开和共享为核心，覆盖生态环境监管、绿色金融、价格税收等多应用场景的制度和工作体系。需要说明的是，环保信用评价的称谓在各地实践中有所不同，有些地方称“环境行为评价”，有的地方称“环境信用评价”，本书统一采用“环保信用评价”的表述。环保信用评价，是指生态环境部门对特定范围内企业的环保信用状况进行评价，评价结果向社会公开，供公众监督和有关部门、机构及组织应用的环境管理手段。本书关注国家层面环保信用制度进展，同时聚焦环保信用制度在各地实施的基本情况，包括评价对象的范围、评价方法、评价工作机制，以及分级分类监管措施。本书通过对各地环保信用制度，特别是环保信用评价实施情况的梳理和总结，客观呈现我国环保信用评价制度的现实情况。本书的数据主要来自研究团队开展的实地调研、问卷调查、网络资料，以及相关文献的公开数据。

（二）研究回顾

针对环保信用制度的政策制定与实施情况的研究主要包括环保信用监管的理论分析、政策实施成效分析、环保信用评价指标体系分析等方面。

在环保信用监管理论分析方面，王瑞雪从行政规制的视角分析环境信用评价制度，提出环保信用评价存在综合评价指标难以精确、声誉机制效果不显、"多头"信用监管加重企业负担等制度困境。[①] 王梦颖从评价主体、评价标准体系、评价信息收集、评价结果以及评价体系监督机制方面分析，并提出"应约评价机制"和"门板得分"等措施。[②] 王莉提出，企业环保信用评价应当回归市场本位制度体系建构模式，协调重构政府、市场、公众各自的角色定位，实现从单中心行政管理到以市场手段调节为主的多元参与的理论转向。[③] 此外，还有关于环保信用制度中的若干关键环节的法律的性质的研究，包括环保"黑名单"的研究、[④] 环保信用修复机制的研究、[⑤] 环境不良信用信息清除制度探究[⑥]等。

在政策实施成效的分析方面，安蔚等基于对全国 31 省（区、市）政策执行现状的研究，提出加快立法进度和政策制定、推进环境信用评价信息化建设、提高环境信用评价结果应用水平的政策建议。[⑦] 丁飞等认为各省份开展环保信用评价的内容、标准、方法差异很大，因而对评价结果的跨区域互认造成较大障碍。[⑧] 此外，还有不少参与环保信用制度实际工作的研究人员、工作人员结合实际情况对环保信用评价工作进

---

① 王瑞雪：《公法视野下的环境信用评价制度研究》，《中国行政管理》2020 年第 4 期。

② 王梦颖：《我国企业环境信用评价制度研究》，硕士学位论文，河北地质大学环境与资源保护法学专业，2019。

③ 王莉：《我国企业环保信用评价制度的重构进路》，《法学杂志》2018 年第 10 期。

④ 李颖：《环境保护黑名单制度研究》，硕士学位论文，内蒙古科技大学法律专业，2020。

⑤ 刘君儒：《环境信用修复制度研究》，硕士学位论文，重庆大学法律专业，2020。

⑥ 黄锡生、王美娜：《环境不良信用信息清除制度探究》，《重庆大学学报》（社会科学版）2018 年第 4 期。

⑦ 安蔚、钱文敏、杨宗慧、柴艳：《我国环境信用评价体系建设制度研究与政策建议》，《四川环境》2021 年第 3 期。

⑧ 丁飞、周铭、张晶、王海红、卫小平：《企业环境信用评价在企业运营和行政监管过程中的应用研究》，《环境科学与管理》2021 年第 3 期。

行了深入的研究和思考，比如，对湖南省[①]、重庆市[②]、四川省[③]、山东省[④]、青岛市[⑤]、武汉市[⑥]、苏州市[⑦]的环保信用评价体系进行梳理和分析，并提出了相关政策建议。

在环保信用制度发展过程中，环保信用评价指标体系是政策制定的关键环节，也是影响政策实施效果的重要因素。因此，围绕环保信用评价指标体系的研究不胜枚举。比如，萧大伟对山东省的环保信用评价指标体系进行了分析。[⑧] 王莉运用现代信用三维度理论（诚信度、合规度和践约度）分析企业环保信用评价的指标，提出将企业环保社会责任纳入诚信度指标体系。[⑨] 赵德君将各地的环保信用评价指标体系归纳为三种类型：日常管理规范型，代表省份有河南省等；环境违法型，代表

---

① 许超、唐江、李巍、舒丽娟、夏美琼、凌敏：《湖南省企业环保信用工作的实践与思考》，《环境与发展》2022 年第 8 期。

② 苏丽萍、冉涛：《重庆市企业环境信用评价体系建设存在的问题及解决路径研究》，《环境科学与管理》2017 年第 2 期。

③ 陈明扬、胡颖铭、吕瑞斌、吕晓彤、王忠：《四川省企业环境信用评价体系探索》，《四川环境》2017 年第 1 期。

④ 张金智、王亚茹：《〈山东省企业环境信用评价办法〉实施近两年，评价企业近 8 万家：企业环境信用评价，四两拨千斤》，《环境经济》2019 年第 2 期。

⑤ 郝菁、刘丽莎、宋晨光：《青岛市企业环境信用评价体系优化与应用研究》，《环境保护科学》2018 年第 3 期。

⑥ 周君蕊、刘浩、朱婧瑄、黄亿琦：《关于武汉市企业环境信用评价体系构建的研究与思考》，《绿色科技》2019 年第 20 期。

⑦ 崇佳文：《企业环保信用体系研究——以苏州市 S 公司为例》，硕士学位论文，苏州科技大学工程专业，2019。

⑧ 萧大伟：《山东省企业环境信用评价指标体系研究》，硕士学位论文，新疆大学公共管理专业，2016。

⑨ 王莉：《我国企业环保信用评价指标体系的三维建构》，《江西社会科学》2019 年第 6 期。

省份有辽宁省、山东省等；环境管理与环境违法平衡型，代表省份有浙江省等。①

（三）研究方法

本报告系统梳理环保信用制度在我国形成、发展的历史脉络，总结其在不同发展阶段的特点，以环保信用评价政策进展及其实施情况为核心，分析环保信用制度发展现状，总结制度实施的基本成效，力求客观呈现我国环保信用评价制度发展的基本状况。

研究方法上，一是采用文本分析方法。基于时间线索、地域范围、政策文件效力位阶等，搜集整理环保信用评价与社会信用体系相关政策文件，分析政策文件中体现的目标、内容与政策手段，总结我国环保信用制度的基本政策框架。二是采用调查方法。开展问卷调查、实地调研，召开座谈会，调研环保信用制度的实施成效，聚焦环保信用制度对于政策作用对象的影响，分析其在实施中存在的主要问题，总结我国环保信用制度实践进展。三是采用比较研究方法。梳理总结相关国际经验，选择可供我国借鉴的相关经验做法。四是采用案例分析方法。调研、搜集环保信用制度的典型案例，客观呈现实践中的创新机制与典型做法。

① 赵德君：《省级企业环境信用评价指标对比分析与展望》，《农业与技术》2022年第5期。

二　环保信用制度发展历程

我国环保信用制度肇始于20世纪90年代末。90年代，地方环保信用评价试点探索起步，开始建立评价工作体系，明确评价指标和评价方法，环保信用评价作为一种新型的环境管理手段，在企业环境信息公开、督促企业改善环境状况方面发挥了显著作用。在总结地方试点经验的基础上，环保信用评价进入快速发展阶段，评价对象的范围不断扩大，评价结果应用越发广泛。与此同时，随着社会信用体系的不断深入发展，环保信用制度不断创新、完善，规范环保信用信息，推行信用承诺与信用修复机制，逐步建立起较为完善的，贯穿事前、事中、事后全链条监管的环保信用监管机制。总体上，我国的环保信用制度经历了探索起步、快速发展、规范优化的发展历程。本部分系统梳理环保信用制度发展的历史脉络，以关键政策文件的发布实施为节点，分析各发展阶段的基本内容和主要特点，图2-1展示了我国环保信用制度的发展历程。

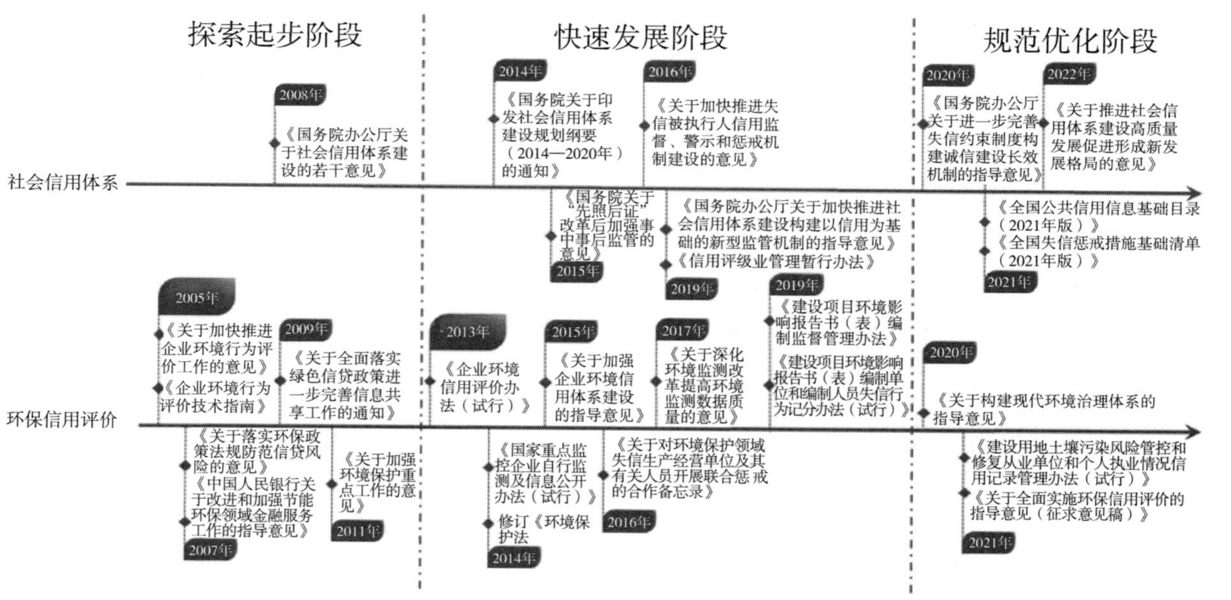

图2-1　我国环保信用制度的发展历程

（一）探索起步阶段（2000~2012年）

20世纪90年代末，为促进企业遵守环保法律法规、加强污染治理、推动公众参与，镇江市和呼和浩特市在世界银行帮助下试点研究和探索企业环境信息公开制度，对企业环境行为进行评价。[①] 以江苏省部分地方开展的企业环境信息公开试点为标志，我国环保信用制度探索起步，借鉴国外经验，并结合我国的环境管理现状建立起环保信用评价工作体系。

这一阶段，环保信用制度建设开始起步，政策重点在于推动建立环保信用评价工作体系，对企业环境行为进行评价，并公开相关信息，通过政策试点基本明确了评价主体、评价对象、评价指标、评价方法等。

通过这一阶段的探索，基本确定了环保信用评价主体为环境部门，评价对象为重点排污单位、环境风险较高的单位；评价指标一般包括污染排放指标、环境管理指标、社会影响指标。环境行为评价结果主要应用在两个方面：一是环境部门根据评价结果进行重点管理；二是评价结果被纳入银行信贷投放流程，银行业金融机构将其作为审批贷款的必备条件之一。

探索起步阶段的主要特点：一是在具备条件的部分地方、在有限范围内对部分企业的环境行为进行评价并公开相关信息；二是将环保信用评价与绿色信贷紧密结合，在金融领域应用环保信用评价结果。

---

① 王华、Linda Greer、蔺梓馨：《环境信息公开的实践及启示》，《世界环境》2008年第5期。

1. 在有限范围内对企业环境行为进行评价并公开相关信息

江苏省镇江市于2000年实施企业环境行为信息公开试点。2000年7月26日，镇江在市区主要媒体上公布了91家企业1999年度环境行为评级结果。2001年6月5日，镇江市第二次公布了105家企业2000年度环境行为评级结果。[①] 2002年，企业环境行为评级在江苏省逐步推广。

2003年，国家环保总局与世界银行合作，在部分省、市开展企业环境行为评价试点工作。2005年国家环保总局发布《关于加快推进企业环境行为评价工作的意见》，并在附件部分发布了《企业环境行为评价技术指南》。该文件明确提出，"企业环境行为评价的主要目的是，发挥社会监督在环境管理中的作用，促进企业持续改善环境行为，提高环保部门的管理水平"。企业环境行为评价的评价对象为："严重超标和超总量控制指标排放的企业、使用有毒有害原材料的企业、群众反映强烈的排污企业、在当地有重要影响的企业（包括服务业企业）和重点污染源。参加环境行为评价企业的主要污染物排放总量之和要达到当地工业排污总量的80%以上。"[②] 当时的企业环境行为评价指标包括达标排放、行政处罚、重要环境违法行为、突发环境事件、环境统计、群众投诉等共17项指标。按照企业环境行为的优劣程度，评判结果分为很好、好、一般、差、很差五个等级，依次以绿色、蓝色、黄色、红色、黑色标示。

---

① 王远、陆根法、罗铁群、万玉秋、陈金龙：《工业污染控制的信息手段：从理论到实践》，《南京大学学报》（自然科学版）2001年第6期。

② 《关于加快推进企业环境行为评价工作的意见》，https：//www.mee.gov.cn/gkml/zj/wj/200910/t20091022_ 172357.htm，最后访问日期：2023年10月17日。

在国家政策指导下，一些省份加快推进环保信用评价。广东省环境保护局于2006年1月发布《广东省环境保护局重点污染源环境保护信用管理试行办法》，对重点污染源企业进行信用评价，将企业环境信用状况分为三个等级，以不同颜色标识，分别为：（1）环保诚信企业，用绿色牌表示；（2）环保警示企业，用黄色牌表示；（3）环保严管企业，用红色牌表示。[①] 2009年，广东省评价了268家重点污染企业2008年度的环境信用，其中绿牌企业210家，黄牌企业30家，红牌企业28家，绿牌企业占评价企业的78.4%。2011年，广东省评价了390家重点污染企业，其中绿牌企业309家，黄牌企业47家，红牌企业34家。广东省的中山市、汕头市、深圳市、惠州市、佛山市、东莞市等在广东省企业环境信用评价工作开展的基础上纷纷出台了具有地方特色的企业环境信用评价管理办法。

浙江省环境保护厅2007年印发《浙江省企业环境行为信用等级评价实施方案（试行）》，建立了包括企业排污行为、环境管理行为、环境社会行为、环境守法或违法行为等方面的企业环境行为评价体系，规定了告知、填报、初评、反馈、公示、复核等评价程序，评价结果分为很好（绿色）、好（蓝色）、一般（黄色）、差（红色）、很差（黑色）五个级别。随后，浙江省衢州、温州、金华、杭州、湖州、宁波等地市纷纷出台了企业环境行为信用评价的管理办法。[②]

---

① 《广东省环境保护局重点污染源环境保护信用管理试行办法》，《广东省人民政府公报》2005年第33期，第23~27页。

② 关阳、李明光：《企业环境行为信用评价管理制度的实践与发展》，《环境经济》2013年第3期。

河北省环境保护厅2008年5月印发《河北省重点监控企业环境行为评价实施方案（试行）》，对重点监控企业进行信用评价。评价结果分为很好、好、一般、差和很差五个等级，为方便公众了解和辨识，以绿色、蓝色、黄色、红色和黑色分别进行标示，并向社会公布。

这一阶段，还出现了区域性环境信用评价办法，例如2009年7月31日，江苏省环保厅、上海市环保局、浙江省环保厅联合印发《长江三角洲地区企业环境行为信息公开工作实施办法（暂行）》（苏环发〔2009〕23号），制定了长三角地区统一的环保信用评价标准，建立了工作机制。

2011年10月，国务院印发《关于加强环境保护重点工作的意见》（国发〔2011〕35号），提出建立企业环境行为信用评价制度，环保信用评价的政策依据提升到以国务院名义印发的规范性文件的层面。

2. 在金融领域推动环保信用评价结果应用

国家环保总局、中国人民银行、中国银行业监督管理委员会2007年印发《关于落实环保政策法规防范信贷风险的意见》（环发〔2007〕108号），提出加强环保和金融监管部门合作与联动，以强化环境监管促进信贷安全，以严格信贷管理支持环境保护，加强对企业环境违法行为的经济制约和监督，改变企业环境守法成本高、违法成本低的状况。上述文件对金融机构的贷款审批流程提出明确要求，金融机构应依据国家建设项目环境保护管理规定和环保部门通报情况，严格贷款审批、发放和监督管理，对未通过环评审批或者环保设施验收的项目，不得新增任何形式的授信支持。金融机构应依据国家产业政策，进一步加强信贷风险管理，对鼓励类项目在风险可控的前提下，积极给予信贷支持；对限制和淘汰类新建项目，不得提供信贷支持；对属于限制类的现有生产能力，且国家允许企业在一定期限内采取措施升级的，可按信贷原则继续给予信贷支持；对于淘汰类项目，应停止各类形式的新增授信支持，并采取措施收回已发放的贷款。

同时，上述文件还明确列出了环保部门向金融机构提供的环境信息，主要为：(1) 受理的环境影响评价文件的审批结果和建设项目竣工环境保护验收结果；(2) 污染物排放超过国家或者地方排放标准，或者污染物排放总量超过地方人民政府核定的排放总量控制指标的污染严重的企业名单；(3) 发生重大、特大环境污染事故或者事件的企业名单；(4) 拒不执行已生效的环境行政处罚决定的企业名单；(5) 挂牌督办企业、限期治理企业、关停企业的名单；(6) 环境友好企业名单；(7) 企业环境行为评价信息；(8) 其他有必要通报金融机构的环境监管信息。

随后，中国人民银行印发《关于改进和加强节能环保领域金融服务工作的指导意见》(银发〔2007〕215 号)，引导银行业金融机构严格信贷投放的环保标准，实施有差别的信贷政策。要求各银行业金融机构要严格控制对高耗能、高污染行业的信贷投入，加快对落后产能和工艺的信贷退出步伐。

上述两份政策文件奠定了我国绿色信贷的政策基础。政策发布后，江苏、浙江、河南、黑龙江、陕西、山西、青海、深圳、宁波、沈阳、西安等 20 多个省市的环保部门与所在地的金融监管机构，出台了有关绿色信贷的实施方案和具体细则。

江苏省环保厅与中国人民银行南京分行等 2007 年联合印发《关于

共享企业环保信息 控制信贷风险 改进和加强节能环保领域金融服务有关问题的通知》（南银发〔2007〕147 号），对加强评价成果运用开展绿色信贷做出部署。江苏省各地环保部门与当地人民银行建立联系，定期向银行提供企业环境信息，银行以此作为信贷依据，坚持绿色信贷标准，合理配置信贷资源，防范环保信贷风险。对环境信誉良好的“绿色”“蓝色”企业，简化贷款手续，积极给予信贷支持；对环境信誉欠佳的“红色”“黑色”企业严格控制贷款规模，禁止发放除更新改造治污减排设施外的任何新增贷款；对限期整改不到位的“黑色”企业，实施严格的贷后监测制度，为确保信贷资产安全，逐步收回存量贷款。2007 年，江苏省江阴市对污染严重企业否决申请贷款超过 10 亿元，并收回已向这些企业发放的银行贷款超过 2 亿元。2007 年，浙江省湖州市对该市重点污染企业进行排查，共涉及银行贷款 15. 7 亿元，由贷款银行督促其限期整改并实现达标排放，否则收回贷款；其中有 35 家企业因环保不达标退出贷款行列，涉及贷款金额 2. 14 亿余元。广东省银行系统（除深圳以外）根据环保系统提供的环保违法信息，向 7 家企业限贷 4 亿元。深圳市对污染企业和金融机构实施“双约束”，对 5 家环保违法企业停止了 1. 377 亿元的贷款申请，金融监管机构还对向环保违法企业发放贷款的两家银行进行了处罚。①

环境保护部办公厅、中国人民银行办公厅 2009 年联合印发《关于全面落实绿色信贷政策进一步完善信息共享工作的通知》（环办〔2009〕77 号），要求部门之间加强沟通联系，健全信息共享机制，明

① 以上数据参见《环保总局公布绿色信贷阶段进展》，http：//www. pubchn. com/news/show. php？itemid = 49695，最后访问日期：2023 年 6 月 5 日。

确责任部门和人员，并对工作流程中一些环节的操作时限做了明确规定。《国家环境保护“十二五”规划》（国发〔2011〕42号）明确提出“建立企业环境行为信用评价制度，加大对符合环保要求和信贷原则企业和项目的信贷支持。建立银行绿色评级制度，将绿色信贷成效与银行工作人员履职评价、机构准入、业务发展相挂钩”。

（二）快速发展阶段（2013~2019年）

环保信用制度经过十多年的实践探索，开展环保信用评价的试点不断增多，评价企业范围扩大，实施跨部门联合奖惩，评价结果得到广泛应用。2013年12月，在总结地方企业环境信用评价工作经验的基础上，环境保护部会同发展改革委、人民银行、银监会联合制定了《企业环境信用评价办法（试行）》（以下简称《办法（试行）》）。《办法（试行）》是对过去多年来环境信用评价实践的总结和肯定。以《办法（试行）》的实施为标志，我国环保信用制度进入快速发展阶段。2014年修订的《中华人民共和国环境保护法》第五十四条第三款规定，县级以上地方人民政府环境保护主管部门和其他负有环境保护监督管理职责的部门，应当将企业事业单位和其他生产经营者的环境违法信息记入社会诚信档案，及时向社会公布违法者名单，这在一定程度上为环保信用制度奠定了法律基础。2014年11月，国务院办公厅《关于加强环境监管执法的通知》要求，建立环保信用评价制度，将环境违法企业列入“黑名单”并向社会公开，将其环境违法行为纳入社会信用体系，让失信企业一次违法、处处受限，鼓励企业建立良好的环境信用。

在快速发展阶段，有关法律、较高位阶的政策文件都纳入了环保信用制度的内容，为环保信用制度后续发展提供了良好的依据和条件。这一阶段的主要特点有三个：一是进一步明确了评价对象和评价内容；二是开始正式实施跨部门跨领域联合奖惩；三是在有条件的地方探索全流程的环保信用监管机制。

1. 进一步明确评价对象和评价内容

经过多年试点探索，在这一阶段，环保信用评价的对象范围进一步扩大。《办法（试行）》第三条规定，污染物排放总量大、环境风险高、生态环境影响大的企业，应当纳入环境信用评价范围，以列举方式规定了应当纳入环境信用评价的企业范围，主要包括：（1）环境保护部公布的国家重点监控企业；（2）设区的市级以上地方人民政府环保部门公布的重点监控企业；（3）重污染行业内的企业，重污染行业包括：火电、钢铁、水泥、电解铝、煤炭、冶金、化工、石化、建材、造纸、酿造、制药、发酵、纺织、制革和采矿业 16 类行业，以及国家确定的其他污染严重的行业；（4）产能严重过剩行业内的企业；（5）从事能源、自然资源开发、交通基础设施建设，以及其他开发建设活动，可能对生态环境造成重大影响的企业；（6）污染物排放超过国家和地方规定的排放标准的企业，或者超过经有关地方人民政府核定的污染物排放总量控制指标的企业；（7）使用有毒、有害原料进行生产的企业，或者在生产中排放有毒、有害物质的企业；（8）上一年度发生较大及以上突发环境事件的企业；（9）上一年度被处以 5 万元以上罚款、暂扣或者吊销许可证、责令停产整顿、挂牌督办的企业；（10）省级以上环保部门确定的应当纳入环境信用评价范围的其他企业。这一评价对象范围也体现了当时环境监管的重点范围。

同时，《办法（试行）》提出了企业环境行为的概念。企业环境行为是指企业在生产经营活动中遵守环保法律法规、规章、规范性文件、环境标准和履行环保社会责任等方面的表现。企业通过合同等方式委托其他机构或者组织实施的具有环境影响的行为，也被视为该企业的环境行为。企业环境信用评价内容，包括污染防治、生态保护、环境管理、社会监督四个方面，其中每一个方面均包含多个评价指标并被赋予计分权重。这一表述基本框定了我国环保信用评价中环保信用的基本范畴。这意味着环保信用的范畴既包括遵守环保法律法规，又包括履行环保社会责任。

《办法（试行）》按环保信用情况将企业分为环保诚信企业、环保良好企业、环保警示企业、环保不良企业四个等级，依次以绿牌、蓝牌、黄牌、红牌表示。《办法（试行）》还规定了评价信息的来源。企业环境信用评价，应当以环保部门通过现场检查、监督性监测、重点污染物总量控制核查，以及履行监管职责的其他活动制作或者获取的企业环境行为信息为基础。

2. 实施跨部门跨领域联合奖惩

2016 年，国务院印发《关于建立完善守信联合激励和失信联合惩戒制度加快推进社会诚信建设的指导意见》（国发〔2016〕33 号），目的是有效解决失信行为高发问题，使失信者付出足够的代价，并通过实施正面激励让守信者受益，做到让守信者一路绿灯、失信者处处受限，从而形成引导社会成员诚实守信的正确导向。[①] 上述文件中提出的措施

① 连维良：《推进社会信用体系建设　营造公平诚信的市场环境》，《中国经贸导刊》2016 年第 21 期。

包括行政性、市场性、行业性、社会性四大类，体现出一处失信、处处受限，一时失信、长期受限。失信惩戒具有强大的威慑力，各部门基于监管要求开始签署联合惩戒备忘录。截至 2019 年 7 月底，各部门共签署 51 个联合奖惩备忘录。其中，联合惩戒备忘录 43 个，联合激励备忘录 5 个，既包括联合激励又包括联合惩戒的备忘录 3 个。①

在社会信用体系建设的推动下，2016 年由环境保护部等 31 个部门联合印发的《关于对环境保护领域失信生产经营单位及其有关人员开展联合惩戒的合作备忘录》（以下简称《备忘录》）规定，对环保领域违法失信单位和人员，由有关部门联合实施限制市场准入、行政许可或融资行为，停止优惠政策，限制考核表彰等惩戒措施。

签署《备忘录》的 31 个部门依照有关法律法规、规章及规范性文件规定，对联合惩戒对象采取惩戒措施，这些惩戒措施有以下几个方面。（1）限制或者禁止生产经营单位的市场准入、行政许可或者融资行为。该文件列举了 11 项行政许可事项。（2）停止执行生产经营单位享受的优惠政策，或者对其关于优惠政策的申请不予批准。该文件列举了 5 项停止执行的优惠政策。（3）在经营业绩考核、综合评价、评优表彰等工作中，对生产经营单位及相关负责人予以限制。该文件列举了 3 项评优事项。（4）其他惩戒措施包括：推动各金融机构将失信生产经营单位的失信情况作为融资授信的参考；推动各保险机构将失信生产经营单位的失信记录作为厘定环境污染责任保险费率的参考；在上市公司或者

---

① 《国家公共信用信息中心发布 7 月份新增失信联合惩戒对象公示及公告情况说明》，https：//baijiahao. baidu. com/s? id = 1641108645469196836&wfr = spider&for =pc，最后访问日期：2023 年 6 月 5 日。

非公众上市公司收购的事中、事后监管中，对有严重失信行为的生产经营单位予以重点关注；各市场监管、行业主管部门将失信生产经营单位作为重点监管对象，加大日常监管力度，提高抽查的比例和频次；有关部门将失信生产经营单位信息，通过“信用中国”网站和国家企业信用信息公示系统向社会公布；各部门依法实施的其他惩戒措施。

实施环境保护领域跨部门联合奖惩，进一步加大了各地环保信用评价制度的实施力度，很多地方生态环境部门积极推动在金融领域实施联合奖惩措施。比如，安徽省制定了《安徽省银行业存款类法人金融机构绿色信贷业绩评价实施细则（试行）》（合银发〔2018〕244 号）、《安徽省企业环境信用与绿色信贷衔接办法（试行）》（皖环发〔2019〕1 号）两个配套文件，开展企业环境信用与绿色信贷衔接工作，加强生态环境部门与银保监会等部门之间的合作与联动，推进绿色信贷建设，优化信贷结构，防范因生态环境问题带来的信贷风险，充分发挥金融杠杆支持生态环境保护的作用。从源头上遏制违法企业和高消耗、高污染行业无序发展，有效改变“守法成本高、违法成本低”的现状，不断增强企业的生态环境保护意识，促进经济社会协调和可持续发展。江苏省发展改革委与省生态环境厅 2019 年联合下发《关于完善根据环保信用评价结果实行差别化价格政策的通知》，对环保失信企事业单位实施差别化电价政策。2020 年，江苏银保监局与省生态环境厅联合印发《关于加强环保信用建设推进绿色金融工作的指导意见》，建议江苏省内金融机构依据环保信用评价结果对企事业单位实施差别化信贷等政策。

3. 在有条件的地方探索全流程环保信用监管机制

2019 年《国务院办公厅关于加快推进社会信用体系建设构建以信

用为基础的新型监管机制的指导意见》（国办发〔2019〕35 号）提出，建立健全贯穿市场主体全生命周期，衔接事前、事中、事后全监管环节的新型监管机制，并提出建立信用承诺、信用修复机制。环保信用制度在社会信用体系发展的推动下，在有条件的地方开始出现信用承诺和信用修复机制的探索，注重环保信用信息目录、环保信用修复、环保信用承诺等方面的规范性，注重企业权益保护，环保信用制度得到全面发展。

在事前阶段，环评审批“告知承诺制”在部分地方得到推行。2018 年 5 月 18 日，国务院办公厅发布的《关于开展工程建设项目审批制度改革试点的通知》（国办发〔2018〕33 号）提出，“推行告知承诺制”，规定“对通过事中事后监管能够纠正不符合审批条件的行为且不会产生严重后果的审批事项，实行告知承诺制。公布实行告知承诺制的审批事项清单及具体要求，申请人按照要求作出书面承诺的，审批部门可以直接作出审批决定。对已经实施区域评估的工程建设项目，相应的审批事项实行告知承诺制。在部分工程建设项目中推行建设工程规划许可告知承诺制”。《上海市建设项目环境影响评价文件行政审批告知承诺办法（试行）》（沪环规〔2019〕9 号）中，将环评审批告知承诺定义为：“公民、法人或其他组织提出建设项目环境影响评价文件的行政审批申请，生态环境主管部门一次告知其审批条件和需要提交的材料，申请人以书面形式承诺其符合审批条件，由生态环境主管部门作出行政审批告知承诺决定的方式。”2020 年 1 月 10 日，《昆明市生态环境局建设项目环境影响评价文件审批事项实施告知承诺制审批实施细则（试行）》规定，审批告知承诺制是指，“在工程建设项目审批领域，由市生态环境局公布告知建设项目环境影响评价文件审批事项审批条件和办理要求，公民、法人和其他组织（以下称申请人）以书面形式承诺其符合审批条件并承担相应的法律责任，提出行政审批申请，市生态环境部门直接做出行政审批决定的制度”。

环评审批的告知承诺制并非简单地停留在审批环节的信用承诺，而是以信用承诺为基础，符合条件的项目无须报批建设项目环境影响评价文件；对环境信用良好的企业免于或减少现场执法检查，做到“无事不扰”。告知承诺制通过行政审批程序创新，实现了生态环境监管的重心从事前审批向事中、事后监管转移，同时将环境风险防控的治理任务交付给事中、事后监管体系，最大限度地化解环评审批程序与市场主体经营活动效率之间的紧张关系，达到优化营商环境的效果。2018 年 6 月，南京江北新区确定 2018 年第一批 9 家“信用承诺制”改革试点项目，试点项目变“先批后建”为“先建后验”。试点项目在完成联合预审、联合踏勘、承诺文本公示、设计方案审查后，即可开工建设，原来需要前置办理的相关行政许可手续在竣工投产前完成。对于实施信用承诺制的项目，相关部门将加强风险监测防范，一旦发现企业在项目建设中存在违法违规、违背承诺等行为，就责令立即整改，整改不合格的不得投产使用。①

在事后环节，环保信用修复也开始崭露头角。在这一阶段，部分地方先行先试，探索实施环保信用修复机制。比如，《苏州市企业环保信用修复管理办法》（苏环法字〔2017〕11 号）规定了环保信用修复的

① 贺震：《以信用为抓手推动环境监管方式变革——江苏运用环保信用加强企业环境监管为例》，《绿叶》2019 年第 Z1 期，第 79~85 页。

适用对象、修复条件、修复程序，并规定环保信用修复一年一次。苏州市同时发布了“企业环保信用修复证明材料表”、“苏州市企业环保信用修复申请书”、“企业环保信用修复承诺书”、“苏州市企业环保信用修复审查表”和“企业环保信用修复意见通知书”共5份格式材料。《武汉市环境保护信用信息管理实施细则（试行）》（武环规〔2018〕2号）第四章“信用修复”中提到，信用修复是指，失信主体（包括行政处罚信用信息公示企业、黄牌标识的环保信用不良企业以及黑牌标识的环保信用失信企业）在失信记录公示期限内主动纠正失信行为，消除不良社会影响，按照一定条件，经规定程序，取得环保部门同意修复决定，重建良好信用的过程；规定了不予信用修复的行为，即存在恶意或严重环境违法行为或法律、法规、规章另有规定的严重失信行为的，不予信用修复；规定了信用修复的条件、程序，以及多次申请修复不予受理。这一阶段，环保信用修复尚处于探索时期，但通过环保信用承诺、环保信用修复的探索，环保信用制度在这一阶段逐步扩展、深化，全流程的环保信用监管机制逐步形成。

（三）规范优化阶段（2020年至今）

这一阶段，我国社会信用体系的基本框架已经初步搭建起来，并取得积极进展。与此同时，在实践中也暴露出不少矛盾和问题，集中表现为法律法规依据不足、规范性不够，个别地方、个别领域在没有法律法规依据的情况下急于通过信用手段解决行业监管和社会治理中的一些棘手问题，虽然有些领域实际效果明显，但在信用信息记录、失信名单认定、失信联合惩戒范围、信用修复和权益保护等方面存在一些问题，在部分领域出现了“信用泛化”的现象。[①]

在这一背景下，2020 年《国务院办公厅关于进一步完善失信约束制度构建诚信建设长效机制的指导意见》（国办发〔2020〕49 号）提出了社会信用体系建设的重要原则：一是严格依法依规，失信行为记录、严重失信主体名单认定和失信惩戒等事关个人、企业等各类主体切身利益，必须严格在法治轨道内进行；二是准确界定范围，准确界定信用信息和严重失信主体名单认定范围，合理把握失信惩戒措施，坚决防止不当使用甚至滥用；三是确保过惩相当，按照失信行为发生的领域、情节轻重、影响程度等，严格依法分别实施不同类型、不同力度的惩戒措施，切实保护信用主体合法权益；四是借鉴国际经验，既立足我国国情，又充分参考国际惯例，在社会关注度高、认识尚不统一的领域慎重推进信用体系建设，推动相关措施与国际接轨。社会信用体系出现的“信用泛化”问题在环保信用领域也有所显现。根据社会信用体系建设的总体要求，环保信用制度开始迈入规范化发展阶段。

1. 强化依法依规

如前文所述，环保信用制度经历了二十余年的发展。其间，党中央、国务院在信用体系建设方面不断提出新部署、提出新要求，生态环境保护面临新形势、新挑战。在这一阶段，环保信用制度逐渐出现规范依据不足、各地发展不平衡等问题，不同地区在评价标准、等级划分，以及信用修复条件、方式等方面存在较大差异。如何将环保信用制度纳

---

① 何玲：《“清单管理”助力信用法治建设行稳致远——专家解读〈全国公共信用信息基础目录（2021 年版）〉和〈全国失信惩戒措施基础清单（2021 年版）〉》，《中国信用》2022 年第 1 期。

入规范化、法治化轨道是这一阶段环保信用制度建设的主要内容。

《中华人民共和国固体废物污染环境防治法》《建设项目环境保护管理条例》《中华人民共和国土壤污染防治法》《中华人民共和国环境影响评价法》《排污许可管理条例》等提供了生态环境违法情形纳入信用管理的法律依据。《全国公共信用信息基础目录（2021 年版）》《全国失信惩戒措施基础清单（2021 年版）》中均纳入了生态环境领域的公共信用信息基础目录与惩戒措施。

2021 年国家发展改革委、生态环境部研究起草了《关于全面实施环保信用评价的指导意见（征求意见稿）》，向社会公开征求意见，该征求意见稿明确体现了依法依规开展环保信用评价、规范环保信用评价流程、规范和统一环保信用评价标准的政策导向。

2022 年《关于推进社会信用体系建设高质量发展促进形成新发展格局的意见》提出，要完善生态环保信用制度。全面实施环保、水土保持等领域信用评价，强化信用评价结果共享运用。深化环境信息依法披露制度改革，推动相关企事业单位依法披露环境信息。聚焦实现碳达峰碳中和要求，完善全国碳排放权交易市场制度，加强登记、交易、结算、核查等环节的信用监管。发挥政府监管和行业自律作用，建立健全对排放单位弄虚作假、中介机构出具虚假报告等违法违规行为的有效管理和约束机制。

2. 着力推行环保信用修复

随着国家社会信用体系建设的不断推进，对于失信主体权益的保护成为社会信用体系建设的重要内容，通过信用修复，激励有轻微失信的市场主体改过自新、诚信经营，这对于提高全社会的诚信水平有非常重要的意义。《中共中央 国务院关于新时代加快完善社会主义市场经济体制的意见》（2020 年 5 月 11 日）提出“完善失信主体信用修复机制”；中共中央办公厅、国务院办公厅印发的《建设高标准市场体系行动方案》（中办发〔2021〕2 号）提出，“完善企业信用修复和异议处理机制”；《国务院办公厅关于加快推进社会信用体系建设构建以信用为基础的新型监管机制的指导意见》（国办发〔2019〕35 号）提出，“探索建立信用修复机制”。这一阶段的环保信用修复，从实施范围、程序的规范性上都有较大提升。从近年来的实践看，环保信用修复，一般是指企事业单位为积极改善自身环保信用状况，在整改纠正生态环境领域违法违规行为、消除不良影响后，向确定企事业单位环保信用评价等级的生态环境主管部门提出申请，生态环境主管部门根据相关规定和程序，调整环保信用评价计分及相应等级的行为。

目前，各地开展环保信用修复，在修复条件、修复程序、修复方式等方面不断探索、实践。有些地方制定了环保信用修复的管理办法。比如《浙江省企业环境信用评价管理办法（试行）》（浙环函〔2020〕16 号）第十二条规定了生态环境严重失信名单的移出申请和相关程序，在第四章规定了“评价指标有效期及修复”，对修复条件做出规定。环保信用修复机制在实践中发挥了较好作用。一是促进企业积极主动纠正违法违规行为，消除生态环境不良影响。从实践看，消除生态环境不良影响、做出环保信用承诺等往往是环保信用修复的前提条件。失信企业为了达到信用修复目标，积极按照环保信用修复的规定条件进行整改，纠正环境违法行为的同时也获得了高质量发展的契机。二是帮助企业恢复正常信用状态和社会声誉，提高市场竞争力。环保信用评价结果的应用领域日趋广泛，企业环保信用评价等级直接影响其信贷额度、市场交易机会、政策优惠享受程度等，失信企业借助环保信用修复机制，恢复了正常的信用状态和社会声誉，也间接恢复甚至增加了其市场交易机会。三是健全新型生态环境监管机制，提高环境监管效率。环保信用修复为企业提供了自我纠错、改过自新的机会，能够向市场和社会释放包容性和正能量，有效激发市场主体守信意愿，有利于优化监管环境，进一步提升监管效率和水平。

三　环保信用制度实施的基本情况

本部分对环保信用制度实施情况的分析，主要围绕环保信用的内涵、评价对象、评价方法，部分地方企业环保信用评价等级情况，评价结果的应用，第三方环保服务机构开展环保信用评价的情况等方面进行梳理和分析。

截至 2022 年 8 月底，在公开网站上可以查询到 27 个省份印发实施了适用于本行政区域范围的省级环保信用评价政策文件（见表 3-1）。[①] 文件的层级主要为省级生态环境部门规范性文件，规范的主要内容为：明确评价主体、评价对象范围、评价方法与评价程序、信用承诺、信用修复、信息平台、分级分类监管措施、联合惩戒措施、黑名单管理措施等。

---

① 广东省和云南省原文转发了环境保护部、国家发展改革委、中国人民银行、中国银监会四部门印发的《企业环境信用评价办法（试行）》；北京市和山西省近年没有发布环保信用政策文件。

表 3-1　地方环保信用评价政策文件制定情况一览

地区	文件名	时间	文号/所处文件文号
天津	《天津市企业环境信用评价和分类监管办法（试行）》	2022 年 8 月 26 日	津环规范〔2022〕2 号
江苏	《江苏省企事业环保信用评价办法》	2019 年 12 月 13 日	苏环规〔2019〕5 号
山东	《山东省企业环境信用评价办法》	2020 年 12 月 31 日	鲁环发〔2020〕52 号
河南	《河南省企业事业单位环保信用评价管理办法》	2018 年 7 月 25 日	豫环文〔2018〕217 号
浙江	《浙江省企业环境信用评价管理办法（试行）》	2020 年 1 月 20 日	浙环函〔2020〕16 号
重庆	《重庆市企业环境信用评价办法》	2021 年 12 月 30 日	渝环规〔2021〕7 号
河北	《河北省企业生态环境信用管理办法（试行）》	2021 年 7 月 6 日	冀环规范〔2021〕2 号
内蒙古	《内蒙古自治区企业环境信用评价实施方案（试行）》	2015 年 5 月 5 日	内环发〔2015〕68 号
辽宁	《辽宁省企业环境信用评价管理办法》	2020 年 5 月 9 日	辽环发〔2020〕9 号
吉林	《吉林省企业环境信用评价方法（试行）》	2017 年 12 月 18 日	吉环发〔2017〕33 号
黑龙江	《黑龙江省企业环境信用评价暂行办法》	2017 年 12 月 25 日	厅办文件〔2017〕263 号
上海	《上海市企事业单位生态环境信用评价管理办法（试行）》	2022 年 8 月 3 日	沪环规〔2022〕5 号
安徽	《安徽省企业环境信用评价实施方案》	2021 年 1 月 8 日	皖环函〔2019〕662 号
福建	《福建省企业环境信用动态评价实施方案（试行）》	2018 年 12 月 19 日	闽环保总队〔2018〕67 号
江西	《江西省企业环境信用评价及信用管理暂行办法》	2017 年 10 月 25 日	赣环法字〔2017〕18 号

续表

地区	文件名	时间	文号/所处文件文号
湖北	《湖北省企业环境信用评价办法》	2019 年 10 月 25 日	鄂环发〔2019〕24 号
湖南	《湖南省企事业单位环保信用评价管理办法》	2020 年 12 月 31 日	湘环函〔2020〕189 号
广西	《广西壮族自治区企业生态环境信用评价办法（试行）》	2021 年 12 月 09 日	桂环规范〔2021〕8 号
海南	《海南省生态环境厅环境保护信用评价办法（试行）》	2022 年 11 月 2 日	琼环规字〔2022〕1 号
四川	《四川省企业环境信用评价指标及计分方法（2019 年版）》	2020 年 6 月 29 日	川环发〔2021〕2 号
贵州	《关于印发〈贵州省企业环境信用评价指标体系及评价方法〉〈企业环保信用评价结果等级描述〉〈贵州省企业环境信用评价工作指南〉的通知》	2019 年 9 月 30 日	黔环通〔2019〕181 号
西藏	《西藏自治区企业环境信用等级评价办法（试行）》	2014 年 8 月 8 日	—
陕西	《关于印发〈陕西省企业环境信用评价办法〉及〈陕西省企业环境信用评价要求及考核评分标准〉的通知》	2015 年 12 月 8 日	陕环办发〔2015〕91 号
甘肃	《甘肃省环保信用评价管理办法（试行）》	2021 年 11 月 22 日	甘环法规发〔2021〕14 号
青海	《青海省企业环境信用评价管理办法（试行）》	2021 年 1 月 12 日	青生发〔2021〕7 号
宁夏	《宁夏回族自治区企业环境信用评价办法》	2019 年 11 月 9 日	宁环规发〔2019〕5 号
新疆	《新疆维吾尔自治区企业环境信用评价管理办法（试行）》	2018 年 9 月 10 日	—

（一）环保信用的内涵

环保信用制度在实践中不断创新、发展，什么是环保信用、环保信用的内涵是什么是环保信用制度的核心问题。目前，各地对环保信用的界定不尽相同，环保信用的内涵还在不断发展、变化过程中。

根据《企业环境信用评价办法（试行）》（以下简称《办法（试行）》）中的表述，企业环保信用可以理解为《办法（试行）》中界定的企业环境行为，具体包括三类行为：一是守法行为，二是履行环保社会责任的行为，三是通过合同等方式委托其他机构或者组织实施的具有环境影响的行为。实践中，守法行为具有明确的边界，但是履行环保社会责任等行为，其内涵较为宽泛，对此，各地有不同的规定。

为了分析各地环保信用评价实践情况，本书梳理各地环保信用评价标准，对环保信用的内涵进行归类，可以发现，环保信用的内涵主要包括以下内容。

一是企业的环境守法情况，即将企业遵守生态环境法律法规、规范性文件的情况作为环保信用评价指标的内容。企业环保信用首先是要遵守生态环境法律法规和规范性文件的要求。比如，《江苏省企事业环保信用评价办法》（苏环规〔2019〕5 号）规定，“本办法所称环境行为信息，是指排污企事业单位遵守环保法律、法规、规章、规范性文件及履行环保责任的情况，并通过法律文书、行政公文、行政决定文书等予以记录的行为信息”。《山东省企业环境信用评价办法》（鲁环发〔2020〕52 号）规定，企业环境信用评价根据企业环境违法违规行为实行记分制。企业环境违法违规行为记分标准主要根据生态环境监管的行政处罚、行政命令、行政强制等行政决定及有关环境管理要求设定。

二是企业的内部环境管理情况，即将企业内部的环境管理制度、环境监测等环境管理行为的情况作为环保信用评价指标的内容。比如，浙江省将企业自行监测公开不到位、自行监测开展不规范，未按要求完成强制清洁生产审核工作计划或清洁化改造任务等情形纳入环境信用评价。[①] 重庆、[②] 河北、内蒙古[③]等地将企业内部的环境保护管理机构、制度建设作为信用评价的一项内容。

三是企业履行环保社会责任的情况，主要包括非生态环境法律法规等规定的强制性义务或责任的行为，具体包括：企业自主投保环境污染责任保险、自愿开展清洁生产审核、发布企业环境社会责任报告、开展重大环境公益活动、获得环保表彰等。比如，江苏省将“法定代表人或主要负责人作出环保信用承诺”、“获得设区市及以上生态环境主管部门表彰”和“环保示范性企事业单位”作为评价指标中的加分类别。[④] 重庆市在环保信用评价指标中设置了九项加分项，包括环境污染责任保险、排污权交易、生命周期评价、清洁生产审核、专业培训、诚信激励、公益活动行、管理认证、社会责任。[⑤] 河北省在企业生态环境

① 参见《浙江省企业环境信用评价管理办法（试行）》附1《浙江省企业环境信用评价指标及评分标准（试行）》。

② 参见《重庆市企业环境信用评价办法》（渝环规〔2021〕7号）附表《重庆市企业环境信用评价指标及评分方法》。

③ 参见《内蒙古自治区企业环境信用评价实施方案（试行）》（内环发〔2015〕68号）附件1《内蒙古自治区企业环境信用评价指标及评分方法（试行）》。

④ 参见《江苏省企事业环保信用评价办法》（苏环规〔2019〕5号）附件1《江苏省企事业环境行为信用计分标准》。

⑤ 参见《重庆市企业环境信用评价办法》（渝环规〔2021〕7号）附表《重庆市企业环境信用评价指标及评分方法》。

初次评价标准中设置了六项激励指标，包括达标排放基础上深度减排、环境风险管控、自愿清洁生产审核、环境污染责任保险、在线监测、环保表彰。①

四是生态环境损害赔偿协议履行情况。生态环境损害赔偿制度是生态文明制度的重要组成部分，党的十八大和十八届三中、四中全会将生态环境损害赔偿作为生态文明制度体系建设的重要组成部分，要求实行最严格的损害赔偿制度，把环境损害纳入经济社会发展评价体系。②2017 年，中共中央办公厅、国务院办公厅印发的《生态环境损害赔偿制度改革方案》（以下简称《改革方案》）正式明确了生态环境损害赔偿诉讼制度，并将磋商作为提起此类诉讼的前置程序。《民法典》第 1234 条和第 1235 条对环境侵权救济制度做出了规定。我国生态环境损害赔偿磋商制度当前仍在试点阶段，生态环境损害赔偿协议规定的生态环境损害赔偿义务履行是指赔偿义务人对其签署的生态环境损害赔偿磋商协议的履行情况。生态环境损害赔偿磋商协议应属于平等民事主体间就生态环境侵害所达成的民事性质的协议。根据磋商能否达成协议，后续程序可分为申请司法确认和提起生态环境损害赔偿诉讼两种。申请司法确认并非必经步骤，但是经过司法确认的磋商协议，赔偿义务人不履行或不完全履行的，赔偿权利人可申请人民法院强制执行。③ 将生态环

① 参见《河北省企业生态环境信用管理办法（试行）》（冀环规范〔2021〕2 号）附件《河北省企业生态环境信用初次评价标准》。

② 季林云、孙倩、齐霁：《刍议生态环境损害赔偿制度的建立——生态环境损害赔偿制度改革 5 年回顾与展望》，《环境保护》2020 年第 24 期，第 9~15 页。

③ 别涛、刘倩、季林云：《生态环境损害赔偿磋商与司法衔接关键问题探析》，《法律适用》2020 年第 7 期，第 3~10 页。

境损害赔偿协议履行情况纳入环保信用评价指标，丰富了环保信用评价的内容。例如，天津市将拒不履行生态环境损害赔偿责任作为企业环保信用评价的标准之一，[①] 山东省将签订生态环境损害赔偿协议后拒不履行赔偿义务的情形纳入环保信用评价的计分标准。[②]

五是社会监督情况。重庆市将“群众投诉”“媒体监督”列入环境信用评价指标，具体包括企业发生经查证属实且未能及时解决导致重复投诉的情形、因环境问题被新闻媒体曝光造成重大社会影响的情形等。[③]

此外，还有的地方将企业的公共信用表现纳入环保信用评价。例如，浙江省将企业公共信用评价结果作为环境信用评价的一项指标。[④]

为了更为直观地了解环保信用的内涵，本书根据上述五个方面的分类，统计了27个省级生态环境部门对环保信用的界定情况。其中，将“环境违法”事项纳入环保信用范畴的有25个省份，将“企业内部环境管理情况”纳入环保信用范畴的有16个省份，将“信用承诺履行情况”、“社会责任履行情况”和“环保表彰”等作为加分项纳入环保信用范畴的有22个省份，将“生态环境损害赔偿协议履行情况”纳入环保信用范畴的有9个省份，将“社会监督”纳入环保信用范畴的有9个省份。可以看出，环保信用主要以企业环境守法、环境社会责任履行为主，以企业

---

① 参见《天津市企业环境信用评价和分类监管办法（试行）》（津环规范〔2022〕2号）附件1《天津市企业环境信用评价标准（试行）》。

② 参见《山东省企业环境信用评价办法》（鲁环发〔2020〕52号）附件《山东省企业环境违法违规行为记分标准》。

③ 参见《重庆市企业环境信用评价办法》（渝环规〔2021〕7号）附表《重庆市企业环境信用评价指标及评分方法》。

④ 参见《浙江省企业环境信用评价管理办法（试行）》（浙环函〔2020〕16号）附1《浙江省企业环境信用评价指标及评分标准（试行）》。

内部环境管理、生态环境损害赔偿协议履行情况、社会监督为辅。

（二）环保信用评价的对象

环保信用评价的对象主要为一定范围内的排污单位。《办法（试行）》规定，污染物排放总量大、环境风险高、生态环境影响大的企业，应当纳入环境信用评价范围。从各地实施情况来看，评价对象多以重点排污单位、纳入排污许可管理的单位等为主。如有些地方还对第三方环保服务机构开展了信用评价，详见下文。

各地将排污单位纳入评价对象主要有以下方式。一是根据企业的排污特点将其列入评价对象，主要为重点排污单位、排污许可证持有单位。目前，实施环保信用评价的地方均采用这一方式来确定评价对象。二是根据企业上一年度的环保违法情况，将发生过超标排放、突发环境事件、受到过生态环境行政处罚等情形的企业纳入环保信用评价范围。三是根据企业的行业特点，将一些重污染行业内的企业纳入环保信用评价范围，其具体规定见表 3-2。

表 3-2　各地环保信用评价对象范围一览

地区	评价范围
天津	（1）生态环境部门确定的重点排污单位； （2）实行排污许可重点管理和简化管理的排污单位； （3）根据管理需要应当纳入环境信用评价范围的其他单位
江苏	（1）生态环境主管部门确定的重点排污单位； （2）列入污染源日常监管的单位； （3）纳入排污许可管理的单位； （4）产生环境行为信息的单位； （5）其他按规定应当纳入环保信用管理的单位

续表

地区	评价范围
山东	对本省行政区域内企业事业单位和其他生产经营者的环境信用评价，适用本办法
河南	(1) 重点排污单位； (2) 纳入污染许可、危险废物经营许可管理的企业事业单位； (3) 环境影响评价机制、在线监测运行维护机构、机动车排污检验机构、环境污染第三方治理机构和第三方社会检测机构等环境服务机构； (4) 省环保部门确定的应当纳入环保信用评价范围的其他企业事业单位； (5) 鼓励未纳入评价范围的企业事业单位自愿参加环保信用评价
浙江	(1) 年度重点排污单位； (2) 列入重点环境风险源名录管理的排污单位； (3) 实施排污许可重点管理的排污单位； (4) 纳入生态环境主管部门“双随机”抽查监管的排污单位； (5) 环境影响评价、环境监测、污染源自动监控运维、排污许可技术咨询、环境污染第三方治理等领域的环境服务机构； (6) 列入生态环境严重失信名单的单位； (7) 鼓励未纳入上述范围的企业事业单位和其他生产经营者自愿申请参加环境信用评价
重庆	(1) 市生态环境局公布的重点排污单位； (2) 申领排污许可证，实行重点管理的企业； (3) 重污染行业内的企业，重污染行业包括：火电、钢铁、水泥、电解铝、煤炭、冶金、化工、石化、建材、造纸、酿造、制药、发酵、纺织、制革和采矿业 16 类行业，以及国家确定的其他污染严重的行业； (4) 从事城镇垃圾处理、城镇污水处理、工业园区污染集中治理、危险废物经营、污染土壤治理及其他环保治理的企业； (5) 产能严重过剩行业内的企业； (6) 从事能源、自然资源开发，交通基础设施建设，以及其他开发建设活动，可能对生态环境造成重大影响的企业； (7) 上一年度污染物排放超过国家和地方规定排放标准的企业，或者超过经核定的污染物排放总量控制指标的企业； (8) 使用有毒、有害原料进行生产的企业，或者在生产中排放有毒、有害物质的企业； (9) 上一年度发生突发环境事件的企业； (10) 上一年度被处以 5 万元以上罚款、暂扣或者吊销许可证、责令停产整治、挂牌督办的企业； (11) 较大及以上环境风险级别企业； (12) 市生态环境局确定的应当纳入环境信用评价范围的其他企业； (13) 鼓励未纳入上述范围的企业、个体工商户自愿申请参加环境信用评价

续表

地区	评价范围
河北	本省区域内重点排污单位
内蒙古	（1）环境保护部公布的国家重点监控企业； （2）自治区和盟市环保部门公布的重点监控企业； （3）重污染行业内的企业，重污染行业包括：火电、钢铁、水泥、电解铝、煤炭采选、冶金、化工、石化、煤化工、建材、造纸、酿造、制药、发酵、印染、制革、有色金属采选和平板玻璃18类行业，以及国家确定的其他污染严重的行业； （4）产能严重过剩行业内的企业； （5）从事能源、自然资源开发，交通基础设施建设，以及其他开发建设活动，可能对生态环境造成重大影响的企业； （6）污染物排放超过国家和地方规定的排放标准的企业，或者超过污染物排放总量控制指标的企业； （7）使用有毒、有害原料进行生产的企业，或者在生产中排放有毒、有害物质的企业； （8）上一年度发生较大及以上突发环境事件的企业； （9）上一年被处以5万元以上罚款、暂扣或者吊销许可证、责令停产整顿、挂牌督办的企业； （10）自治区及以上环保部门确定的应当纳入环境信用评价范围的其他企业
辽宁	（1）重点排污单位； （2）上一年度发生突发环境事件的单位，或存在重大环境安全隐患的单位； （3）上一年度产生环境违法行为的单位； （4）在属地开展服务工作的自动监测（监控）设施运维、环境监测等社会环境服务机构； （5）根据管理需要应纳入环境信用评价的其他企业； （6）鼓励未纳入上述范围有污染源的企业、个体工商户等自愿申请参加环境信用评价
吉林	本省行政区域内的企业
黑龙江	（1）重点排污企业，是指设区的市级政府（含大兴安岭地区行署，下同）环境保护主管部门根据《中华人民共和国环境保护法》《中华人民共和国大气污染防治法》《中华人民共和国水污染防治法》《中华人民共和国固体废物污染环境防治法》《土壤污染防治行动计划》《企业事业单位环境信息公开办法》《关于印发〈重点排污单位名录管理规定（试行）〉的通知》确定的重点排污单位名录中的企业； （2）鼓励未纳入重点排污单位名录的企业，自愿申请参加企业环境信用评价

续表

地区	评价范围
上海	(1) 评价年度开展过生态环境现场或非现场检查的排污许可持证单位; (2) 评价年度开展过生态环境现场或非现场检查的重点排污单位; (3) 评价年度在本市受到生态环境行政处罚的企事业单位; (4) 其他按规定应当纳入生态环境信用评价管理的企事业单位; (5) 鼓励未纳入上述范围的企事业单位自愿申请参加生态环境信用评价
安徽	(1) 纳入生态环境部重点排污单位名录管理系统的; (2) 重污染行业内的企业,重污染行业包括:火电、钢铁、水泥、电解铝、煤炭、冶金、化工、石化、建材、造纸、酿造、制药、发酵、纺织、制革和采矿业 16 类行业,以及国家确定的其他污染严重的行业; (3) 产能严重过剩行业内的企业; (4) 从事能源、自然资源开发,交通基础设施建设,以及其他开发建设活动,可能对生态环境造成重大影响的企业; (5) 污染物排放超过国家和地方规定的排放标准的企业,或者超过经有关地方人民政府核定的污染物排放总量控制指标的企业; (6) 使用有毒、有害原料进行生产的企业,或者在生产中排放有毒、有害物质的企业; (7) 上一年度发生较大及以上突发环境事件的企业; (8) 上一年度被处以 5 万元以上罚款、暂扣或者吊销许可证、责令停产整顿、挂牌督办的企业
福建	纳入企业环境信用评价对象包括生产经营活动中存在污染物排放的企业和其他生产经营者。评价范围根据各地情况逐步扩大。评价方式分为强制评价、应约评价和自愿评价。 (1) 强制评价。根据环境保护部、国家发展改革委、中国人民银行、中国银监会四部门印发的《企业环境信用评价办法(试行)》规定,原则上将污染物排放总量大、环境风险高、生态环境影响大、环境违法问题突出的企业纳入环境信用强制评价范围。包括但不限于:存在污染物排放的上市企业,已核发国家版排污许可证的企业以及各地结合实际情况报经省生态环境厅同意纳入强制评价范围的其他企业。 (2) 应约评价。根据省环境保护厅、中国人民银行福州中心支行、福建银监局、福建证监局、福建保监局《关于加强绿色金融和环境信用评价联动助推高质量发展的实施意见》(闽环保总队〔2018〕44 号),金融机构对其企业客户进行甄别,筛选出需要了解掌握其环境信用情况的企业客户并函告生态环境部门,由生态环境部门对其中未纳入强制评价和自愿评价的企业开展简化高效便捷的环境信用评价。 (3) 自愿评价。鼓励和引导其他企业主动参与环境信用评价。环境影响评价机构信用等级评定依照省级生态环境部门有关规定执行。同时,探索开展对从事机动车排放检测、环境监测、环境监测设备和污染防治设施维护运营等环境服务业务机构以及水电站等生态影响类企业的环境信用评价工作

续表

地区	评价范围
江西	(1) 先行在重点排污单位推行，待经验成熟后，在地方重点企业及其他企业推行。重点排污单位是指评价年度环保部下达的重点排污单位名单所列企业。重点排污单位因停产、关闭或搬迁而不参评的，设区市生态环保局应向省生态环保厅提交说明材料。 (2) 地方重点企业是指市、县（市）环保部门依据“分级管理”原则，按本辖区企业主要污染物排放总量负荷排序，且主要污染物排放总量之和达到当地排污总量80%以上所确定的企业。 (3) 鼓励未纳入名单的企业自愿申请参加环境信用评价
湖北	本省行政区域内纳入生态环境监管的企业事业单位和其他生产经营者，从事环境影响评价、环境监（检）测服务、在线监控设施运行维护、防治污染设施维护运营、生态环境治理修复、危险废物鉴别、机动车环保检验、清洁生产审核、碳排放第三方核查等环境服务机构
湖南	(1) 实施排污许可重点和简化管理的企事业单位； (2) 重点辐射工作单位，包括从事生产、销售、使用Ⅰ类、Ⅱ类、Ⅲ类放射源，非密封放射性物质和Ⅰ类、Ⅱ类射线装置的单位； (3) 在本省开展环境服务业的企事业单位，含环境影响评价、生态环境检测和第三方治理机构； (4) 根据国家法律法规纳入环保信用评价的企事业单位； (5) 鼓励未纳入上述范围企事业单位申请参加环保信用评价
广西	(1) 自治区生态环境主管部门发布的年度重点排污单位； (2) 实行排污许可重点管理的排污单位； (3) 纳入生态环境执法“双随机、一公开”重点监管对象、特殊监管对象的排污单位； (4) 自治区生态环境主管部门认为需要纳入生态环境信用评价的排污单位； (5) 鼓励未纳入评价范围的企业自愿参加生态环境信用评价。未纳入评价范围的企业法定代表人（负责人）签署生态环境信用承诺书的，视为自愿参加生态环境信用评价
海南	(1) 已公布的重点排污单位； (2) 纳入排污许可管理的单位、温室气体重点排放单位、重点辐射工作单位； (3) 环境影响评价、生态环境监测、环境污染第三方治理等领域的环境服务机构； (4) 因生态环境违法行为受到行政处罚的单位； (5) 其他按规定纳入环保信用评价的单位； (6) 鼓励未纳入上述范围单位申请参加环保信用评价

续表

地区	评价范围
贵州	排放污染物的企业事业单位和其他生产经营者，以及从事环境影响评价及环境影响评价技术评估、机动车排放检测、环境监测以及环境监测设备和防治污染设施维护运营等环境服务业务的机构。 （1）市（州）级以上生态环境部门依法发布的重点排污单位； （2）企业内部管理规范，档案健全，自愿参评的企业事业单位； （3）省生态环境厅确定的应当纳入环境信用评价范围的其他企业
西藏	（1）环境保护部公布的国家重点监控企业； （2）自治区生态环境厅公布的重点监控企业； （3）可能对生态造成重大影响的企业； （4）使用有毒有害原料进行生产或排放有毒、有害物质的企业； （5）污染物排放超过规定的排放标准的企业，或者超过经有关地方人民政府核定的污染物排放总量控制指标的企业； （6）上一年度发生较大及以上突发环境事件的企业； （7）上一年度被处以5万元以上罚款、责令停产整顿、挂牌督办的企业； （8）参加环境保护行政主管部门组织的评优、评先企业； （9）自治区生态环境厅确定的应当纳入环境信用等级评价范围的其他企业； （10）非强制评价的企业可到所在地县（市、区）环境保护行政主管部门自行申请环境信用等级评价
陕西	纳入环境信用评价范围的企业应当开展环境信用评价工作，支持和鼓励其他企业自愿参加环境信用评价
甘肃	（1）排放污染物的企事业单位，包括申领排污许可证的企业、重点排污单位、重点辐射工作单位等； （2）从事环境治理的企事业单位，包括申领危险废物经营许可证的企事业单位等； （3）从事环境服务的企事业单位，包括生态环境监测、检测和检验单位，编制建设项目环境影响报告书（表）的单位，从事土壤污染风险管控和修复等活动的单位，碳排放核查和交易服务单位，固体废物与危险废物鉴定单位，防治污染设施维护和运营单位以及其他相关服务单位； （4）因生态环境违法行为受到行政处罚或被追究刑事责任的企事业单位； （5）法律法规规定的其他应当开展环保信用评价的企事业单位
青海	（1）省级重点排污单位（在经国家审核认定的全省重点排污单位名录基础上筛选确定）； （2）注册在本省的环境影响评价、在本省从事社会生态环境监测、污染源自动监控运维、机动车排放检验第三方环境服务机构
宁夏	自治区行政区域内企业

续表

地区	评价范围
新疆	重点排污企业，是指区的市级地方人民政府环境保护主管部门根据《中华人民共和国环境保护法》《中华人民共和国大气污染防治法》《中华人民共和国水污染防治法》《中华人民共和国固体废物污染环境防治法》《土壤污染防治行动计划》《企业事业单位环境信息公开办法》《关于印发〈重点排污单位名录管理规定（试行）〉的通知》等要求，确定的重点排污单位名录中的企业

（三）环保信用评价方法

环保信用评价是环保信用制度的关键环节，是指按照一定的程序、指标和技术方法对评价对象的环保信用进行定性或定量的分析或评估，并用专用符号或简单的文字形式表示其环保信用水平。本报告对信用评价方法的梳理和总结主要包括计分方式、等级划定方式。

1. 计分方式

环保信用评价计分方式大致分为三类，即百分制打分法、环境违法违规行为记分制和其他判别法，占比分别为 50.0%、18.5%和 11.5%。各省份的具体情况如下。

（1）采用百分制打分法的省份有 14 个，为河北、内蒙古、上海、福建、江西、河南、湖北、重庆、四川①、贵州、西藏、陕西、青海和安徽。

（2）采用环境违法违规行为记分制的省份有 10 个，为辽宁、吉林、黑龙江、江苏、山东、湖南、广西、海南、甘肃和宁夏。

（3）采用其他判别法的省份有 2 个，为天津、浙江。其中，上海 2020 年评价方法采用单一指标判别法，评价结果根据最差等级的评价

① 重庆、四川以 100 分为基准分，本书将其视为百分制打分方式。

指标确定。浙江省企业环境信用评价总分为1000分，最终分值由各指标分值累计得出。不同等级的评定按该等级所列情形具体判定。

2. 等级划定方式

环保信用评价的等级划定方式分为五级制、四级制两种类型（见表3-3）。

河北、江苏、浙江、江西、湖南等5个省份，将企业环境信用评价结果分为五个等级。

天津、内蒙古、辽宁、吉林、黑龙江、安徽、福建、山东、河南、上海、湖北、广西、海南、重庆、四川、贵州、西藏、陕西、甘肃、青海、宁夏和新疆等22个省份，沿用国家的相关规定，将企业环境信用评价结果分为四个等级。

目前没有省份实行三级制。

表3-3 各地环保信用评价等级划定方式一览

地方	等级划定方式	文字或符号表示
天津	A级：环境信用分值大于或等于1000分； B级：环境信用分值800~1000分（含800分）； C级：环境信用分值600~800分（含600分）； D级：环境信用分值低于600分	A、B、C、D
江苏	绿色等级（诚信企业）：环保信用分值12分； 蓝色等级（一般守信企业）：环保信用分值6~11分； 黄色等级（一般失信企业）：环保信用分值3~5分； 红色等级（较重失信企业）：环保信用分值1~2分； 黑色等级（严重失信企业）：环保信用分值小于或等于0分	绿、蓝、黄、红、黑
山东	绿色标识企业为诚信守法企业，蓝色标识企业为轻微失信企业，黄色标识企业为一般失信企业，黑色标识企业为严重失信企业	绿、蓝、黄、黑

续表

地方	等级划定方式	文字或符号表示
河南	企业事业单位的环保信用级别分为诚信、良好、警示、不良四个等级，在省环保信用评价管理系统中依次用绿、蓝、黄、黑标识。 环保信用评价得分在 95 分及以上的为环保诚信单位；80~95 分的为环保信用良好单位；60~80 分的为环保信用警示单位；60 分以下的为环保信用不良单位	绿、蓝、黄、黑
浙江	参评单位的环境信用分为五个等级，980 分及以上为 A 级（优秀，以绿色表示）、920~980 分为 B 级（良好，以蓝色表示）、800~920 分为 C 级（中等，以黄色表示）、600~800 分为 D 级（较差，以红色表示）、600 分以下为 E 级（差，以黑色表示）	绿、蓝、黄、红、黑
重庆	参评企业的环境信用，分为环保诚信企业、环保良好企业、环保警示企业、环保不良企业，分别以绿牌、蓝牌、黄牌、红牌表示。 企业环境信用评价根据参评企业的环境行为信息，采用评分方式，确定参评企业的环境信用等级。以 100 分为基准分。得分在 100 分及以上的为环保诚信企业，得分在 80~100 分的为环保良好企业，得分在 60~80 分的为环保警示企业级，得分在 60 分以下的为环保不良企业	绿、蓝、黄、红
河北	A 类企业：分值 85 分及以上； B 类企业：分值 70~84 分； C 类企业：分值 50~69 分； D 类企业：分值 30~49 分； E 类企业：分值 29 分及以下	A、B、C、D、E
内蒙古	环保诚信企业（90~100 分）、环保良好企业（80~89 分）、环保警示企业（60~79 分）、环保不良企业（59 分及以下）四个等级，分别以绿牌、蓝牌、黄牌、红牌表示	绿、蓝、黄、红
辽宁	环境信用分为四个等级，由优到劣依次为守信企业、一般守信企业、失信企业、严重失信企业。 守信企业（绿标）：环境信用分值 10 分及以上； 一般守信企业（蓝标）：环境信用分值 7~9 分； 失信企业（黄标）：环境信用分值 1~6 分； 严重失信企业（红标）：环境信用分值 0 分及以下	绿、蓝、黄、红

续表

地方	等级划定方式	文字或符号表示
吉林	企业环境信用按照良好、一般、警示、不良四个等级进行评价。根据《吉林省企业环境违法违规行为记分标准》，无记分记录的企业为环境信用良好企业，以绿牌标识；累计记 1~6 分的企业为环境信用一般企业，以蓝牌标识；累计记 7~11 分的企业为环境信用警示企业，以黄牌标识；累计记 12 分及以上的企业为环境信用不良企业，以红牌标识	绿、蓝、黄、红
黑龙江	企业环保信用分为环保诚信企业、环保良好企业、环保警示企业、环保不良企业四个等级，依次以绿牌、蓝牌、黄牌、红牌标识。 本年度无记分记录的企业，评定为环保诚信企业，以绿牌标识；年度记分在 5 分以下的企业，评定为环保良好企业，以蓝牌标识；年度计分在 5~11 分的企业，评定为环保警示企业，以黄牌标识；年度计分在 11 分及以上的企业评定为环保不良企业，以红牌标识	绿、蓝、黄、红
上海	A 级：生态环境信用分值 90 分及以上，并满足以下条件：5 年内未受到生态环境行政处罚，且 3 年内未发生突发生态环境事件，且 1 年内未有生态环境群访、集访、信访积案的。 B 级：生态环境信用分值 60~89 分； 或生态环境信用分值 90 分及以上，但 5 年内受到生态环境行政处罚，或 3 年内发生突发生态环境事件，或 1 年内有生态环境群访、集访、信访积案的。 C 级：生态环境信用分值 40~59 分。 D 级：生态环境信用分值 39 分及以下	A、B、C、D
安徽	企业环境信用等级分为环保诚信企业（95~100 分）、环保良好企业（80~94 分）、环保警示企业（60~79 分）及环保不良企业（59 分及以下）四个等级。	环保诚信企业、环保良好企业、环保警示企业、环保不良企业
福建	根据企业环境信用状况，将企业环境信用等级从高到低评定为：环保诚信企业、环保良好企业、环保警示企业、环保不良企业，分别以绿牌、蓝牌、黄牌、红牌标识。 企业环境信用等级评定采用评分制。总得分 90 分及以上为环保诚信企业；70~90 分为环保良好企业；60~70 分为环保警示企业；低于 60 分或符合“一票否决”情形的为环保不良企业	绿、蓝、黄、红

续表

地方	等级划定方式	文字或符号表示
江西	评价采用百分制的方法。依据评价标准，企业环境信用评价结果按优劣等级分为绿色、蓝色、黄色、红色、黑色五个等级。 （1）95 分以上，环境信用优秀，绿色。企业达到国家或地方污染物排放标准和环境管理要求，模范遵守环境保护法律法规，具有很好的社会影响。 （2）80~94 分，环境信用良好，蓝色。企业基本达到国家或地方污染物排放标准和环境管理要求，没有环境违法情况。 （3）65~79 分，环境信用一般，黄色。企业基本达到国家或地方污染物排放标准，有过轻微环境违法情况。 （4）41~64 分，环境信用较差，红色。企业实施污染治理，但未达到国家或地方污染物排放标准，有轻微环境违法情况或者发生过一般或较大环境事件。 （5）40 分及以下，环境信用极差，黑色。企业排放污染物严重超标，对环境造成较为严重影响，有严重环境违法情况或者发生重大或特别重大环境事件	绿、蓝、黄、红、黑
湖北	评分 90 分及以上的企业可申报为环境诚信企业；70~90 分为环境信用较好企业；40~70 分为环境信用警示企业；低于 40 分或者符合直接定级情形的为环境严重失信企业	环境诚信企业、环境信用较好企业、环境信用警示企业、环境严重失信企业
湖南	企事业单位环保信用评价等级根据环保信用分值高低分为环保诚信单位（以绿牌表示）、环保合格单位（以蓝牌表示）、环保风险单位（以黄牌表示）、环保不良单位（以红牌表示）、环保黑名单单位（以黑牌表示）五个等级。 环保诚信单位：环保信用分值 11~12 分； 环保合格单位：环保信用分值 7~10 分； 环保风险单位：环保信用分值 4~6 分； 环保不良单位：环保信用分值 1~3 分； 环保黑名单单位：环保信用分值小于或等于 0 分；连续 3 年被评为环保不良的单位	绿、蓝、黄、红、黑

续表

地方	等级划定方式	文字或符号表示
广西	环保诚信企业：分值 14 分； 环保良好企业：分值 5~13 分； 环保警示企业：分值 1~4 分； 环保不良企业：分值等于或者小于 0 分。 企业生态环境信用等级分值由所有有效记录分值累计确定	环保诚信企业 环保良好企业 环保警示企业 环保不良企业
海南	企事业环保信用评价等级的确定，根据环保信用分值高低分为环保诚信单位、环保良好单位、环保警示单位、环保不良单位四个等级。 （1）环保诚信单位：环保信用分值 11~12 分，且连续两年内未受到行政处罚； （2）环保良好单位：环保信用分值 7~10 分； （3）环保警示单位：环保信用分值 3~6 分； （4）环保不良单位：环保信用分值 2 分及以下	环保诚信单位 环保良好单位 环保警示单位 环保不良单位
四川	得分在 100 分及以上的为“环保诚信企业”；得分在 80~100 分的为“环保良好企业”；得分在 60~80 分的为“环境警示企业”；得分在 60 分以下的为“环保不良企业”。	环保诚信企业 环保良好企业 环保警示企业 环保不良企业
贵州	（1）90 分及以上，环保诚信企业，绿色（A）。90.0~95.5 为 A；96.0~99.5 分为 A^+；100 分为 A^{++}。 （2）75.0~89.5 分，环保良好企业，蓝色（B）。75.0~79.5 分为 B；80.0~85.5 分为 B^+；86.0~89.5 分为 B^{++}。 （3）60.0~74.5 分，环保警示企业，黄色（C）。60.0~65.5 分为 C；66.0~70.5 分为 C^+；71.0~74.5 分为 C^{++}。 （4）59.5 分及以下，环保不良企业，红色（D）	A（A+、A++）、 B（B+、B++）、 C（C+、C++）、 D
西藏	未被扣分，且符合《西藏自治区企业环境信用等级评价办法（试行）》第十六条规定的，评定为环保诚信企业； 扣分不超过 20 分的，评定为环保良好企业； 扣分在 20~40 分的，评定为环保警示企业； 扣分超过 40 分的，评定为环保不良企业	环保诚信企业 环保良好企业 环保警示企业 环保不良企业

续表

地方	等级划定方式	文字或符号表示
陕西	企业的环境信用，分为环保诚信企业、环保良好企业、环保警示企业、环保不良企业四个等级，依次以绿牌、蓝牌、黄牌、红牌表示。 当分值为 90 分及以上时，可评定为“环保诚信企业”； 当分值为 80~90 分时，可评定为“环保良好企业”； 当分值为 60~80 分时，可评定为“环保警示企业”； 当分值为 60 分以下时，可评定为“环保不良企业”	绿、蓝、黄、红
甘肃	环保信用评价结果实行等级制，按企事业单位环保信用状况从高到低依次划分为 A、B、C、D 四个等级。初次纳入环保信用评价范围的企事业单位，默认信用等级为 B 级，其初始信用分值为 12 分，设置减分项，逐项扣分，下不封底。生态环境主管部门根据环保信用评价指标对企事业单位计分。 A 级：12 分以上。 B 级：环保信用分值 9~12 分。 C 级：环保信用分值 5~8 分。 D 级：环保信用分值等于或小于 4 分	A、B、C、D
青海	企业环境信用评价以 100 分为基准，采取扣分制。企业环境信用评价分为环保诚信企业、环保良好企业、环保警示企业、环保不良企业四个等级，依次以绿牌、蓝牌、黄牌、红牌表示。 考核分值为 95 分及以上的为绿牌企业；评价分值为 80~95 分的为蓝牌企业；评价分值为 65~80 分的为黄牌企业；评价分值为 65 分以下的为红牌企业	绿、蓝、黄、红
宁夏	企业环境信用评价采取环境违法违规行为年度记分制。当年无记分记录的企业为环境信用绿标企业，以绿牌标识；当年有记分记录、累计记分 3 分以下的企业为环境信用蓝标企业，以蓝牌标识；当年有记分记录、累计记分 3~11 分的企业为环境信用黄标企业，以黄牌标识；当年累计记分 12 分及以上的企业为环境信用红标企业，以红牌标识	绿、蓝、黄、红

续表

地方	等级划定方式	文字或符号表示
新疆	评价结果分为四个等级，即环境信用绿标企业（环保诚信企业，0分以下且满足相关条件的）、环境信用黄标企业（环保良好企业，0~6分）、环境信用红标企业（环保警示企业，7~11分）、环境信用黑标企业（环保不良企业，12分以上的）	绿、黄、红、黑

注：（1）各地对“环保信用”和“环境信用”的用法不统一，尊重各地用法，不做统一处理。

（2）各地分数划分时有重叠和不能完全覆盖分数段的情况，本表做了一些处理。

（四）部分地方企业环保信用评价等级情况

由于各地在环保信用评价指标、评价方法、等级划定方式等方面具有差异性，各地的企业环保信用评价结果仅表明企业在当地的环保信用状况。本部分基于在公开网站等渠道查询到的企业环保信用评价等级数据进行统计分析，呈现部分地方企业环保信用评价等级的分布情况。①根据上文分析，环保信用评价以环境守法或违法行为为主，因此，企业环保信用评价等级分布情况基本上反映了各地的企业环境守法水平。

1. 安徽省

安徽省从2013年开始开展环保信用评价工作，并对25家企业开展了环保信用评价。2021年，对2753家企业开展了环保信用评价（见表3-4）。目前，安徽省企业环境信用评价指标包括污染防治、生态保护、环境管理、社会监督等4类21项，参评企业的环境行为信息，以各级

① 由于各地对环保信用评价等级在公开时间、渠道与方式等方面存在差异，本书对各地环保信用评价等级分布情况的统计分析仅限于省级生态环境部门公布的数据，市级及市级以下生态环境部门公布的相关数据，不在本书的检索和研究范围之内。

生态环境主管部门现场检查、监督性监测、重点污染物总量控制核查，以及其他履行监管职责过程中掌握的信息为基准，同时参考下列信息：（1）企业自行监测数据、排污申报登记数据；（2）由公众、社会组织以及媒体提供的企业环境违法行为，经核查属实的信息；（3）安徽省公共信用信息共享服务平台掌握的公共信用信息。安徽省采用四级制确定评价结果，分别为环保诚信企业（95~100 分）、环保良好企业（80~94 分）、环保警示企业（60~79 分）及环保不良企业（59 分及以下）四个等级。

表 3-4　2019~2021 年安徽省企业环保信用评价情况汇总

单位：家

年份	环保诚信企业数量	环保良好企业数量	环保警示企业数量	环保不良企业数量	实际参评企业数量
2019	674	853	58	18	1603
2020	1008	966	81	21	2076
2021	1187	1453	96	17	2753

数据来源：根据安徽省生态环境厅网站公开数据整理。

2. 湖南省

湖南省早在 2012 年就开始推行企业环保信用评价，2021 年对 4386 家企业开展了环保信用评价（见表 3-5）。湖南省企事业单位环保信用评价实行计分制，总分为 12 分。企事业单位环保信用信息产生后，依据《湖南省企事业单位环保信用评价标准》进行动态计分，生成相应的环保信用评价结果。评价结果采用五级制，根据环保信用分值高低分为环保诚信单位（以绿牌表示）、环保合格单位（以蓝牌表示）、环保风险单位（以黄牌表示）、环保不良单位（以红牌表示）、环保黑名单单位（以黑牌表示）。环保诚信单位：环保信用分值为 11~12 分；环保合格单位：环保信用分值为 7~10 分；环保风险单位：环保信用分值为 4~6 分；环保不良单位：环保信用分值为 1~3 分；环保黑名单单位：环保信用分值小于或等于 0。

表 3-5 显示，2019 年、2021 年，湖南省参评企业逐年增加，环保诚信单位和环保合格单位数量也逐年增加。

表 3-5　2019~2021 年湖南省企业环保信用评价情况汇总

单位：家

年份	环保诚信单位数量	环保合格单位数量	环保风险单位数量	环保不良单位数量	环保黑名单单位数量	因停产或关闭不予评价	实际参评企业数量
2019	37	1443	74	40	0	239	1594
2020	99	3528	421	194	31	0	4273
2021	160	3880	286	40	20	0	4386

数据来源：根据湖南省环保信用评价管理系统、湖南省生态环境厅、《湖南日报》、《长沙晚报》、常德市生态环境局、道县人民政府、北极星环保网、资兴市信用信息公共平台的公开数据整理。

3. 广东省

广东省从 2007 年开始开展环保信用评价工作，采用四级制进行评价，分别为环保诚信企业、环保良好企业、环保警示企业和环保不良企业。2014 年，广东省五部门（广东省环境保护厅、广东省发展改革委、广东省工商行政管理局、中国人民银行广州分行、中国银行业监督管理委员会广东监管局）转发《办法（试行）》，采用《办法（试行）》的四级制，并结合广东省实际情况提出了实施意见。

2021 年，广东省共 1167 家企业参评，省本级直接评价 840 家，其中因全年停产（运）、关闭等原因不符合参评条件的企业 131 家，另委托广州、深圳市生态环境局评价的 196 家。[①] 表 3-6 列出的省本级直接评价结果显示，环保诚信企业 180 家，占 21.43%；环保良好企业 611 家，占 72.74%；环保警示企业 42 家，占 5.00%；环保不良企业 7 家，占 0.83%。

表 3-6　广东省 2019~2021 年企业环保信用评价情况汇总

单位：家

年份	环保诚信企业数量	环保良好企业数量	环保警示企业数量	环保不良企业数量	实际参评企业数量
2019	215	766	44	19	1044
2020	175	640	35	5	855
2021	180	611	42	7	840

注：本表仅列出省本级直接评价的企业数量。

数据来源：根据广东省生态环境厅信息公开平台整理。

4. 上海市

2009 年，上海市依据江苏省环保厅、上海市环保局、浙江省环保厅联合发布的《长江三角洲地区企业环境行为信息公开工作实施办法（暂行）》（苏环发〔2009〕23 号）开展企业环境行为评价，评价结果分为很好、好、一般、差、很差五个等级，依次以绿色、蓝色、黄色、红色和黑色进行标示。

2022 年，《上海市企事业单位生态环境信用评价管理办法（试行）》发布实施，《长江三角洲地区企业环境行为信息公开工作实施

① 《关于通报广东省 2021 年企业环境信用评价结果的函》（粤环办函〔2023〕4 号），http：//gdee. gd. gov. cn/gkmlpt/content/4/4091/post_ 4091281. html#3170，最后访问日期：2023 年 10 月 7 日。本来源中，数据本身有误，在参考时做了修改。

办法（暂行）》不再适用。根据《上海市企事业单位生态环境信用评价管理办法（试行）》的规定，企事业单位环境信用评价结果不再以颜色表示，而是从高到低依次划分为A、B、C、D四个等级。

上海市2020年参评企业共1998家。其中，绿色企业457家，占22.84%；蓝色企业662家，占33.13%；黄色企业728家，占36.44%；红色企业149家，占7.46%；黑色企业仅有2家，占0.10%（见表3-7）。

表3-7 上海市2019~2020年企业环保信用评价情况汇总

单位：家

年份	绿色企业数量	蓝色企业数量	黄色企业数量	红色企业数量	黑色企业数量	实际参评企业数量
2019	566	467	1599	87	53	2772
2020	457	662	728	149	2	1998

数据来源：根据上海市生态环境局网站公开数据整理。

5. 重庆市

重庆市从2016年开始开展环保信用评价工作，采用四级制进行评价，分别为环保诚信企业（绿牌表示）、环保良好企业（蓝牌表示）、环保警示企业（黄牌表示）和环保不良企业（黑牌表示）。2018年及之后重庆市采用四级评价标准，分别为环保诚信企业、环保良好企业、环保警示企业、环保不良企业。按照2021年最新发布的《重庆市企业环境信用评价办法》，参评企业的环境信用，分为环保诚信企业（100分及以上）、环保良好企业（80~100分）、环保警示企业（60~80分）、环保不良企业（60分以下），分别以绿牌、蓝牌、黄牌、红牌表示。

重庆市2021年共有1053家企业参评。其中，环保诚信企业270家，占25.64%；环保良好企业763家，占72.46%；环保警示企业18

家，占 1.71%；环保不良企业 2 家，占 0.19%（见表 3-8）。

表 3-8　重庆市 2019～2021 年企业环保信用评价情况汇总

单位：家

年份	环保诚信企业数量	环保良好企业数量	环保警示企业数量	环保不良企业数量	环境信用异常企业数量	实际参评企业数量
2019	80	490	37	4	3	614
2020	213	526	15	6	0	760
2021	270	763	18	2	0	1053

数据来源：根据重庆市生态环境局网站公开数据整理。

6. 浙江省

浙江省从 2009 年开始开展环保信用评价工作，采用四级制进行评价，分别为绿色企业、蓝色企业、黄色企业和红色企业。2014～2018 年采用五级制评价标准，分别为绿色企业、蓝色企业、黄色企业、红色企业和黑色企业。2020 年浙江省发布《浙江省企业环境信用评价管理办法（试行）》，参评单位的环境信用分为五个等级，980 分及以上为 A 级（优秀，以绿色表示）、920～980 分为 B 级（良好，以蓝色表示）、800～920 分为 C 级（中等，以黄色表示）、600～800 分为 D 级（较差，以红色表示）、600 分以下为 E 级（差，以黑色表示）。2015～2019 年，浙江每年开展一次环境信用评价，评价结果在门户网站公开，2020 年及以后，在企业环境信用评价综合管理系统上实时动态公开企业信用评价结果。2016～2018 年浙江省企业环境信用评价情况如表 3-9 所示。

浙江省 2018 年共有 6446 家企业参评。其中，绿色企业 1183 家，占 18.35%；蓝色企业 3732 家，占 57.90%；黄色企业 1129 家，占 17.51；红色企业 249 家，占 3.86%；黑色企业 153 家，占 2.37%（见表 3-9）。

表 3-9 浙江省 2016~2018 年企业环保信用评价情况汇总

单位：家

年份	绿色企业数量	蓝色企业数量	黄色企业数量	红色企业数量	黑色企业数量	实际参评企业数量
2016	641	3924	1112	229	28	5934
2017	853	3548	1203	320	44	5968
2018	1183	3732	1129	249	153	6446

数据来源：根据浙江省生态环境厅、浙江省企业环境信用评价综合管理系统公开数据整理。

7. 四川省

四川省从 2014 年起开展环保信用评价工作，采用四级制评价标准，分别为环保诚信企业（绿牌表示）、环保良好企业（蓝牌表示）、环保警示企业（黄牌表示）和环保不良企业（红牌表示）。2020 年 6 月，四川省发布《四川省企业环境信用评价指标及计分方法（2019 年版）》，明确了四级制评价标准，分别为环保诚信企业（100 分及以上）、环保良好企业（80~100 分）、环保警示企业（60~80 分）和环保不良企业（60 分以下）。

四川省 2021 年共有 2325 家企业参评。其中，环保诚信企业 252 家，占 10.84%；环保良好企业 1710 家，占 73.55%；环保警示企业 299 家，占 12.86%；环保不良企业 56 家，占 2.41%；环境信用异常企业 8 家，占 0.34%。（见表 3-10）。

表 3-10 四川省 2019~2021 年企业环保信用评价情况汇总

单位：家

年份	环保诚信企业数量	环保良好企业数量	环保警示企业数量	环保不良企业数量	环境信用异常企业数量	实际参评企业数量
2019	437	7988	927	143	45	9540

续表

年份	环保诚信企业数量	环保良好企业数量	环保警示企业数量	环保不良企业数量	环境信用异常企业数量	实际参评企业数量
2020	603	10837	802	129	59	12430
2021	252	1710	299	56	8	2325

数据来源：根据四川省企业环境信用评价综合管理平台公开数据整理。

8. 贵州省

贵州省从2014年开始开展环保信用评价工作，采用四级制评价标准，分别为环保诚信企业、环保良好企业、环保警示企业和环保不良企业。根据2019年印发的《贵州省企业环境信用评价指标体系及评价方法》《企业环保信用评价结果等级描述》《贵州省企业环境信用评价工作指南》，贵州省明确了环保信用评价的四级制标准，分别为：环保诚信企业（90分及以上，绿牌表示为A），环保良好企业（75.0~89.5分，蓝牌表示为B）；环保警示企业（60.0~74.5分，黄牌表示为C）；环保不良企业（59.5分及以下，红牌表示为D）。

贵州省2021年共有833家企业参评。其中，环保诚信企业98家，占11.76%；环保良好企业579家，占69.51%；环保警示企业101家，占12.12%；环保不良企业55家，占6.60%（见表3-11）。

表3-11　贵州省2020~2021年企业环保信用评价情况汇总

单位：家

年份	环保诚信企业数量	环保良好企业数量	环保警示企业数量	环保不良企业数量	环境信用异常企业数量	实际参评企业数量
2020	14	445	245	42	14	760
2021	98	579	101	55	0	833

数据来源：根据贵州省生态环境厅网站公开数据整理。

9. 青海省

青海省从2016年开始开展环保信用评价工作。2020年，根据青海省生态环境厅、青海省发展改革委、青海省工业和信息化厅等五部门联合印发的《青海省企业环境信用评价管理办法（试行）》，青海省组织全省各市州生态环境部门开展省级重点排污单位及社会生态环境监测、环境影响评价、自动在线监控运维、机动车检验机构4类第三方环境服务机构企业环境信用评价工作。采用四级制评价标准，分别为环保诚信企业（95分及以上，绿牌表示）、环保良好企业（80~95分，蓝牌表示）、环保警示企业（65~80分，黄牌表示）和环保不良企业（65分以下，红牌表示）。

青海省2021年只有94家企业参评。其中，环保诚信企业没有；环保良好企业80家，占85.11%；环保警示企业11家，占11.70%；环保不良企业3家，占3.19%（见表3-12）。

表3-12 青海省2020~2021年企业环保信用评价情况汇总

单位：家

年份	环保诚信企业数量	环保良好企业数量	环保警示企业数量	环保不良企业数量	实际参评企业数量
2020	3	74	12	0	89
2021	0	80	11	3	94

数据来源：根据青海省生态环境厅网站公开数据整理。

10. 江苏省

江苏省从2012年开始开展环保信用评价工作，最初根据《江苏省企业环保信用评价及信用管理暂行办法》（苏环规〔2013〕1号）、《江苏省企业环保信用评价标准及评价办法》（苏环办〔2013〕12

号），采用五级制评价标准，分别为绿、蓝、黄、红、黑五个等级。2019 年江苏省印发了《江苏省企事业环保信用评价办法》（苏环规〔2019〕5 号），明确五级制评价标准，分别为诚信企业（12 分，绿色表示）、一般守信企业（6～11 分，蓝色表示）、一般失信企业（3～5 分，黄色表示）、较重失信企业（1～2 分，红色表示）和严重失信企业（小于或等于 0 分，黑色表示）。

江苏省 2021 年参评企业超过 23 万家。其中，诚信企业 594 家，占 0.26%；一般守信企业 229391 家，占 99.48%；一般失信企业 364 家，占 0.16%；较重失信企业 12 家，占 0.01%；严重失信企业 220 家，占 0.10%（见表 3-13）。

表 3-13　江苏省 2021 企业环保信用评价情况汇总

单位：家

年份	诚信企业数量	一般守信企业数量	一般失信企业数量	较重失信企业数量	严重失信企业数量	实际参评企业数量
2021	594	229391	364	12	220	230581

数据来源：根据江苏省生态环境厅公开数据整理。

11. 宁夏回族自治区

宁夏回族自治区从 2019 年开始开展环保信用评价工作，根据《宁夏回族自治区企业环境信用评价办法》（宁环规发〔2019〕5 号），采用四级制评价标准，分别为环境信用绿标企业（当年无计分，绿牌表示）、环境信用蓝标企业（当年有记分记录、累计计分 3 分以下，蓝牌表示）、环境信用黄标企业（当年有记分记录、累计记分 3~11 分，黄牌表示）和环境信用红标企业（当年累计记分 12 分及以上，红牌表示）。

宁夏回族自治区2021年有1250家企业参评。其中，环境信用绿标企业969家，占77.52%；环境信用蓝标企业226家，占18.08%；环境信用黄标企业52家，占4.16%；环境信用红标企业3家，占0.24%（见表3-14）。

表3-14 宁夏回族自治区2019~2021年企业环保信用评价情况汇总

单位：家

年份	环境信用绿标企业数量	环境信用蓝标企业数量	环境信用黄标企业数量	环境信用红标企业数量	实际参评企业数量
2019	398	125	25	9	557
2020	364	196	26	12	598
2021	969	226	52	3	1250

数据来源：根据宁夏回族自治区生态环境厅网站公开数据整理。

12. 辽宁省

辽宁省从2017年开始开展环保信用评价工作，采用四级制评价标准，分别为环保诚信企业、环保良好企业、环保警示企业和环保不良企业。2019~2020年将四级制标准更改为守信企业、一般守信企业、失信企业和严重失信企业。根据2020年印发的《辽宁省企业环境信用评价管理办法》（辽环发〔2020〕9号），辽宁省明确环保评价四级制标准，分别为守信企业（10分及以上，绿标表示）、一般守信企业（7~9分，蓝标表示）、失信企业（1~6分，黄标表示）和严重失信企业（0分及以下，红标表示）。

辽宁省2020年参评企业5902家。其中，守信企业4435家，占75.14%；一般守信企业1316家，占22.30%；失信企业137家，占2.32%；严重失信企业14家，占0.24%（见表3-15）。

表 3-15　辽宁省 2019～2020 年企业环保信用评价情况汇总

单位：家

年份	守信企业数量	一般守信企业数量	失信企业数量	严重失信企业数量	参评企业数量
2019	3219	326	52	4	3601
2020	4435	1316	137	14	5902

数据来源：根据辽宁省生态环境厅网站公开数据整理。

13. 湖北省

湖北省从 2018 年开始开展环保信用评价工作，采用四级制评价标准，分别为绿牌企业、蓝牌企业、黄牌企业和黑牌企业。根据 2019 年印发的《湖北省企业环境信用评价办法》（鄂环发〔2019〕24 号），湖北省明确四级制评价标准，分别为环境诚信企业（90 分及以上）、环境信用较好企业（70～90 分）、环境信用警示企业（40～70 分）和环境严重失信企业（40 分以下，或者符合直接定级情形的）。

湖北省 2020 年有 5479 家企业参评。其中，环境诚信企业 16 家，占 0. 29%；环境信用较好企业 4756 家，占 86. 80%；环境信用警示企业 678 家，占 12. 37%；环境严重失信企业 29 家，占 0. 53%（见表 3-16）。

表 3-16　湖北省 2018～2020 年企业环保信用评价情况汇总

单位：家

年份	环境诚信企业数量	环境信用较好企业数量	环境信用警示企业数量	环境严重失信企业数量	无记分	实际参评企业数量
2018	264	—	1422	17	2683	4386
2019	275	—	2264	20	2525	5084
2020	16	4756	678	29	—	5479

数据来源：根据湖北省生态环境厅网站公开数据整理。

（五）评价结果的应用

环保信用评价结果的应用主要包括两个方面，一是生态环境部门根据环保信用评价结果实施分级分类监管措施，二是其他相关行业主管部门根据环保信用评价结果依法实施联合奖惩措施。首先，各地普遍实施基于环保信用的分级分类监管措施。环保信用分级分类监管措施主要指生态环境部门根据环保信用评价等级的不同而确定相对应的生态环境监管措施，从地方实践来看，主要的分级分类监管措施包括：加大或减少执法检查频次，调节日常监管力度，实施“审批绿色通道”等便利服务措施，依法依规暂停各类环保专项资金补助，加强对排污许可证、核与辐射安全相关许可证的监管等。

比如，浙江省根据企业环境信用评价结果实施分级分类监管。由于浙江省采取五级制进行环境信用等级评定，其分级分类监管措施也分为五个等级。

一是将环境信用评价纳入“双随机”抽查监管事项，对于 A 级企业，抽查比例设置为原抽查比例的 30%；对于 B 级企业，抽查比例设置为原抽查比例的 50%；对于 C 级企业，抽查比例设置为原抽查比例的 100%；对于 D 级企业，抽查比例设置为原抽查比例的 150%；对于 E 级企业，抽查比例设置为原抽查比例的 200%。实施信用差别化“双随机”抽查后问题检出率由 2020 年的 5.66%提升至 2021 年的 16.43%，极大地提升了执法效能。[①] 2021 年 8 月印发的《浙江省生态环境监督执

① 参见浙江省生态环境厅《浙江努力做好“六篇文章”争当“执法大练兵”排头兵》，https：//mp. weixin. qq. com/s？ __biz=MzA5NzM0NjUwOA==&mid=2652192748&idx=2&sn=3c62a7d55a49e86de090f39639014525&chksm=8b43a94fbc3420596f535-de4a4527b30f50817e48cbb6df97ed89a8528c1ff7fa97757fd13e0&scene=27，最后访问日期：2023 年 7 月 30 日。

法正面清单管理办法》将环境信用等级为“B”及以上等级的作为纳入正面清单管理的重要条件，正面清单企业原则上不开展现场检查，以进一步优化执法方式、推动差异化执法监管。

二是对A级和B级企业，各级生态环境主管部门可以采取以下激励性措施：(1) 对其在办理环境影响评价文件审批等生态环境保护许可事项中提供便捷服务，在同等条件下予以积极支持；(2) 优先安排生态环境专项资金或者其他资金补助；(3) 优先安排生态环境科技项目立项；(4) 生态环境主管部门在组织有关表彰奖励活动中，优先授予其有关荣誉称号；(5) 国家或者地方规定的其他激励性措施。对D级和E级企业，生态环境主管部门可以采取以下惩戒性措施：(1) 重点审查其环境影响评价许可等生态环境行政许可事项；(2) 限制参加生态环境主管部门组织的各类表彰奖励活动；(3) 撤销生态环境主管部门授予的荣誉称号；(4) 国家或者地方规定的其他惩戒性措施。

其次，根据环保信用评价结果实施的联合奖惩措施在各地具有较大差异性。联合奖惩措施主要是指其他相关部门根据环保信用评价结果的不同而采取不同的激励或约束措施，具体表现为：各有关部门在实施行政许可、行政处罚、行政检查、监督抽验、政府采购和公共工程建设项目招标、基础设施和公共事业特许经营活动、财政性资金项目安排、国有土地使用权出让、海关企业信用管理、企业发行股票和债券、科研管理、表彰奖励等过程中，依法依规应用环保信用评价结果；鼓励行业协会商会、金融机构等在会员管理、宣传推介、融资授信、厘定环境污染责任保险费率等过程中，参考使用环保信用评价结果；鼓励新闻媒体宣传和推广环保诚信典型、诚信事迹。上市公司和发债企业应当按有关规定披露其环保信用评价等级信息。

基于环保信用评价开展跨部门的联合惩戒措施，江苏省起步较早。其主要惩戒措施为差别电价、差异化污水处理费、差别化信贷等。2015年12月14日，江苏省环境保护厅联合江苏省物价局印发了《关于根据环保信用评价等级试行差别电价有关问题的通知》（苏价工〔2015〕335号），对年度环境信用评价结果为“红色”“黑色”等级的高污染企业实行差别电价政策，主要内容是：对“红色”等级企业，用电价格在现行基础上每千瓦时加价0.05元；对“黑色”等级企业，用电价格在现行基础上每千瓦时加价0.1元。2016年2月3日，江苏省环境保护厅联合省财政厅、物价局、住房和城乡建设厅、水利厅印发了《关于印发江苏省污水处理费征收使用管理实施办法的通知》（苏财规〔2016〕5号），鼓励有条件的地区，按照环保部门开展的企业环境信用评价等级，分档制定污水处理收费标准，主要内容为：对“红色”等级企业，污水处理费加收标准不低于0.6元/立方米；对“黑色”等级及连续两次以上被评为“红色”等级企业，污水处理费加收标准不低于1.0元/立方米。环保部办公厅发布的《关于转发江苏省根据环境信用评价等级实行差别电价、污水处理收费政策性文件的函》（环办政法函〔2016〕810号）认为，江苏省在企业环境信用评价的基础上，运用价格手段，合理提升了高污染企业的经济成本，有利于促进企业诚信守法，正常运行环保设施，稳定达标排放，自觉履行各项环保法定义务，从而有利于逐步扭转“环境违法成本低”的不合理局面。江苏省环境保护厅主动联合有关部门，积极运用价格手段的做法，是对环境经济政策的有益探索，是对高污染企业生产经营活动事中事后监管方式的大胆创新，值得各地方学习借鉴。

中国银保监会江苏监管局与江苏省生态环境厅 2020 年联合印发《关于加强环保信用建设推进绿色金融工作的指导意见》，建议江苏省内金融机构依据环保信用评价结果对企事业单位实施差别化信贷等政策。江苏省生态环境厅定期将环保信用评价等级为“红色”和“黑色”的企业名单提供给江苏省发展改革委、江苏省电力公司，用于执行差别电价政策。江苏省多年累计收取差别电费约 2 亿元。① 江苏省生态环境厅会同江苏银保监局每季度将全省环保信用评价信息提供给金融机构，建议对环保信用评价等级为绿色的企事业单位予以积极的信贷支持，对环保信用评价等级为“黄色”的规定严格的贷款条件，对环保信用评价等级为“红色”和“黑色”的审慎授信。2021 年，共将 78 万余户次企业的环保信用评价信息推送至银行保险机构，鼓励其开展差别化金融服务。②

环保信用评价结果的应用，与各地生态环境的地域性特点、所在地社会信用体系的总体要求密切相关，上文所述的江苏省经验在河南等多地被进一步借鉴、推广应用，取得了较好的社会效果。

（六）第三方环保服务机构开展环保信用评价的情况

第三方环保服务机构是指介于政府和企业之间，为排污企业提供环境技术咨询服务的第三方机构。随着污染防治攻坚战及“双碳”进程

① 《关于全省环保信用体系建设情况的汇报 省生态环境厅（2020 年 8 月 21 日）》，http：//credit. jiangsu. gov. cn/art/2020/8/25/art_ 78318_ 9472050. html，最后访问日期：2023 年 10 月 7 日。

② 《2021 年江苏银行业新增绿色融资 3757 亿元》，https：//wap. peopleapp. com/article/6490274/0，最后访问日期：2023 年 10 月 7 日。

的深入推进，第三方环保服务机构的业务领域不断拓展，由环评文件编制、环境监测、环境污染治理不断延伸至环保运维、环保验收、环保治理等多个环节，以及碳排放核查与技术服务等诸多新兴领域。

目前，已开展第三方环保信用相关服务的机构主要为环评文件编制单位、环境监测机构、土壤污染风险管控修复机构、碳排放核查与技术服务机构、机动车排放检验检测机构。

1. 环评领域信用管理

环评领域的信用管理对象主要为建设项目环境影响报告书（表）编制单位和编制人员。2018 年修订的《中华人民共和国环境影响评价法》明确将环评文件编制单位及相关人员违法信息记入社会诚信档案并纳入全国信用信息共享平台，为开展环评编制单位信用管理提供了法律依据。

2019 年，生态环境部印发《建设项目环境影响报告书（表）编制监督管理办法》《建设项目环境影响报告书（表）编制单位和编制人员失信行为记分办法（试行）》，细化了建设项目环评文件编制单位的失信计分标准、信用评价等级和失信惩戒措施。

信用管理的方式是，依据编制单位在环评文件编制过程中存在的弄虚作假、信息不准确不完整等违反建设项目环境影响报告书（表）编制监督管理法规的情况，以及违法违规的严重程度，进行失信记分。记分周期为一年，动态累计。按照失信分值从高到低，信用类别可划分为四个类别，即黑名单、限期整改名单、重点监督检查名单和守信名单。

环评领域信用评价依托环境影响评价信用平台，建立编制单位和编制人员的诚信档案管理体系。环境影响评价信用平台显示，目前，已有 6700 余家单位和 65000 余家从业人员建立诚信档案，列入黑名单、限期整改名单、重点监督检查名单和守信名单的单位数量分别为 12 家、76 家、673 家和 350 家。①

2. 环境监测领域信用管理

在环境监测领域，主要是对国家环境监测运维网运维单位、社会生态环境监测机构、自动监控设施运维机构开展信用管理。

2017 年，中共中央办公厅、国务院办公厅印发了《关于深化环境监测改革提高环境监测数据质量的意见》，明确要将被依法处罚的环境监测数据弄虚作假企业、机构和个人信息纳入全国信用信息共享平台，同时将企业违法信息依法纳入国家企业信用信息公示系统，为开展生态环境监测机构信用管理提供了依据。

生态环境部于 2018 年印发的《关于加强生态环境监测机构监督管理工作的通知》提出，建立联合惩戒和信息共享机制，将严重失信的生态环境监测机构和人员的违规违法信息纳入全国信用信息共享平台。中国环境监测总站于 2021 年制定《国家生态环境监测网第三方运维单位服务质量星级评价办法》，对参加国家环境监测运维网运维单位开展信用评价。2020 年度国家生态环境监测网运维单位服务质量星级评价结果显示，28 家运维单位中，四星级单位 19 家，三星级单位 9 家。②

地方层面，上海、河南、四川、广西、辽宁、浙江、山东、青海等省（区、市）对社会环境监测机构的环保信用建设积极探索，部分省

① 参见环境影响评价信用平台，http：//114.251.10.92：8080/XYPT/，最后访问日期：2023 年 12 月 27 日。

② 《关于加强生态环境监测机构监督管理工作的通知》，https：//www.mee.gov.cn/xxgk2018/xxgk/xxgk03/201806/t20180606_ 629648.html，最后访问日期，2023 年 10 月 7 日。

份明确了信用评价的指标依据和评价等级。河南省企业事业单位及生态环境服务机构环境信用查询平台显示，截至 2023 年 12 月底，273 家社会生态环境监测机构和 197 家污染源自动监控设施运行维护机构被公布了环境信用等级。[①]

3. 土壤领域信用管理

土壤领域主要对从事土壤污染状况调查和土壤污染风险评估、风险管控、修复、风险管控效果评估、修复效果评估、后期管理等活动的单位和个人执业情况进行信用记录。

《中华人民共和国土壤污染防治法》规定，应将土壤污染风险管控修复从业单位和个人执业情况纳入信用系统，建立信用记录，为土壤领域信用管理提供依据。

生态环境部 2021 年印发《建设用地土壤污染风险管控和修复从业单位和个人执业情况信用记录管理办法（试行）》，建立了信用记录系统，记录有关从业单位和个人基本情况信息、业绩情况信息、报告评审信息、行政处罚信息和虚假业绩信息举报核实情况等，对土壤污染风险管控与修复的从业单位和个人开展信用记录管理。2022 年 1 月启动建设用地土壤污染风险管控和修复从业单位和个人职业情况信用记录系统。建设用地土壤污染风险管控和修复从业单位和个人执业情况信用记录系统显示，截至 2023 年 12 月底，已有从业单位信用记录 1 万余条、

① 参见河南省企业事业单位及生态环境服务机构环境信用查询平台，http：//222.143.24.250：8127/credit_ public/#/，最后访问日期：2023 年 12 月 27 日。

从业个人信用记录 47000 余条。①

部分地方探索实施了信用监管。四川省于 2021 年 9 月印发《关于做好建设用地土壤污染风险管控和修复从业单位和个人执业情况信用记录管理工作的通知》，启动土壤从业单位信用管理工作和启用信用记录系统。山东省于 2021 年修订印发《山东省企业环境信用评价办法》，将土壤（含地下水）污染风险管控和修复纳入企业环境信用评价，对其擅自对外出具检测数据结果或出具虚假数据报告等行为进行失信计分。其他地方基本未开展该领域的信用管理。

4. 碳市场领域信用管理

中共中央办公厅、国务院办公厅于 2022 年印发的《关于推进社会信用体系建设高质量发展促进形成新发展格局的意见》提出，聚焦实现碳达峰碳中和要求，完善全国碳排放权交易市场制度体系，加强登记、交易、结算、核查等环节信用监管。

部分地方对碳排放核查与技术服务机构进行信用评价。上海市于 2021 年印发《上海市碳排放核查第三方机构监管和考评细则》，对碳排放核查的工作合规情况、核查工作质量等进行百分制扣分，按照最终得分高低分为优良、合格、不合格三个等级。浙江省于 2020 年印发《浙江省重点企（事）业单位温室气体排放核查管理办法（试行）》，从核查机构的核查报告质量、现场核查活动规范性和核查机构内部管理等方面进行环境信用评价，以 1000 分为基准扣分，结果按照分值高低划分

① 参见全国土壤环境信息平台，http：//soilcredit. mee. gov. cn/#/XYJL，最后访问日期：2023 年 12 月 27 日。

为A、B、C、D、E五个等级。《广东省碳排放管理试行办法》（2020年修订）规定，建立核查机构信用档案，及时记录、整合、发布碳排放管理和交易的相关信用信息。《广东省碳排放信息核查工作管理考评暂行办法》将核查过程以及评议过程中出现的规范性和完整性问题、未按时提交核查报告、未按要求反馈信息等问题作为核查机构综合绩效考核评价的依据。2019年度、2020年度和2021年度分别公布20家①、30家②和40家③核查机构核查工作考评结果。

5. 机动车排放领域信用管理

河南、江苏、青海、甘肃等省份也对机动车排放检验检测机构的信用管理进行了一些探索。河南省于2019年印发《河南省生态环境服务机构环境信用评价管理办法》，明确了机动车排放检验机构环境信用评价指标及评分标准。河南省企业事业单位及生态环境服务机构环境信用查询平台显示，截至2023年12月底，927家机动车排放检验机构被公布了环境信用等级。其中诚信443家、良好325家、警示135家、不良24家。④ 江苏省于2021年印发《江苏省机动车排放检验机构环保信用监管暂行办法》，按照机动车排放检验机构受到环境行政处罚处理措施

① 《广东省生态环境厅关于2019年度广东省企业碳排放信息核查及全国碳排放权交易企业核查工作考评结果的通知》，http：//gdee.gd.gov.cn/ls/content/post_3235229.html，最后访问日期：2023年12月13日。

② 《广东公布2020年度广东省碳核查企业工作考评结果 涉31家机构》，https：//news.bjx.com.cn/html/20220425/1220363.shtml，最后访问日期：2023年12月13日。

③ 《广东省生态环境厅关于公布2021年度全国及广东省碳排放权交易企业核查工作考评结果的通知》，http：//gdee.gd.gov.cn/ls/content/post_4142414.html，最后访问日期：2023年12月13日。

④ 参见河南省企业事业单位及生态环境服务机构环境信用查询平台，http：//222.143.24.250：8127/credit_public/#/，最后访问日期：2023年12月27日。

的情节严重程度在初始分值为 9 分的基础上进行扣分。2022 年，江苏省参评机构 1103 家，参评率 100%。青海省于 2021 年印发《青海省企业环境信用评价管理办法（试行）》，将机动车排放检验机构纳入企业环境信用评价范围。甘肃省 2021 年印发了《关于加强机动车排放检验机构监督管理的通知》，对全省机动车排放检验机构实行记分管理。

四　环保信用制度对企业的影响[①]

环保信用制度是复合型的环境管理政策体系，其政策目标主要为促进排污企业等单位诚信守法，政策手段主要为开展综合评价、信息公开、分级分类监管、联合奖惩等措施。环保信用制度已推行多年，其中包含的各项政策手段也随着整个社会信用体系的发展而有所变化。党的十九大报告提出健全环保信用评价制度后，环保信用制度进入改革阶段，各地在环保信用信息管理、环保信用信息平台建设、环保信用修复、环保信用承诺等方面开展创新，国家发展改革委、生态环境部研究起草了《关于全面实施环保信用评价的指导意见（征求意见稿）》，并于 2021 年向社会公开征求意见。

① 本部分曾以《环保信用评价政策对企业影响的调查分析》为题发表于《征信》2023 年第 10 期，收入本书时有修改。

在我国生态环境领域行政规范性文件制定的过程中，分析、评估生态政策对企业的影响，听取企业意见是一个必要的环节。《生态环境部行政规范性文件制定和管理办法》要求，规范性文件的起草单位应当对拟设立的有关政策措施的必要性、可行性进行评估；对企业切身利益或者权利义务有较大影响的，应当充分听取各类有代表性的企业和行业协会商会以及律师协会的意见，特别是民营企业、劳动密集型企业、中小企业等市场主体的意见。如何听取企业和行业协会等各方的意见和建议，如何在时间有限、条件有限的前提下开展快速、有效的企业影响评估，是生态环境政策制定部门面临的现实问题。本部分聚焦环保信用评价政策中的具体政策手段，分析这些政策手段会影响哪些企业，会产生怎样的影响，呈现企业面对政策手段时的主观态度、受到政策影响的企业范围及应对能力、受影响的程度等，采用社会调查方法，基于环保信用评价的政策制定过程与政策变迁，对企业开展了较大范围的问卷调研、访谈、座谈活动。

针对环保信用评价政策对企业的影响，现有研究主要关注环保信用评价结果对企业经济效益或污染减排的影响、环保信用评价的法律属性、信用分级分类监管的有效性、信用联合惩戒措施的合法性等问题，在研究方法上采用量化模型分析、政策文本分析与学理分析等路径。武照亮等基于内蒙古自治区 4 个城市 298 份企业问卷调查数据，发现环境信用评价结果能改善企业经济效益现状。[①] 张国兴等基于 30 个省份面

① 武照亮、张冉、段存儒、周小喜：《公众压力是否影响企业环境信用评级的变化——基于企业能力的调节效应》，《干旱区资源与环境》2022 年第 8 期，第 18～27 页。

板数据评估环境信息公开的政策效果，发现环境信息公开可以通过调整产业结构和促进技术创新来减少企业污染物排放。[①] 王瑞雪从行政规制角度提出环保信用评价存在声誉机制效果不明显、“多头”信用监管加重企业负担等困境。[②] 尹建华等分析了失信惩戒对废水国控重点监测企业的影响，认为政府应认真权衡失信惩戒对企业污染违规排放与技术创新的影响方向。[③] 张鲁萍聚焦环境领域失信联合惩戒行为的法律性质与合法性，分析政策运行机制，提出完善制度供给、优化合作机制、畅通协作机制等政策建议。[④] 丁飞等分析企业环境信用评价在企业运营和行政监管中的作用，并在评价标准、信用承诺、信用奖惩机制等方面提出建议。[⑤]

现有研究主要是对环保信用评价政策的描述与解释，关于环保信用评价政策对企业产生的正面或负面影响的研究已经较为成熟，但在企业面对环保信用评价政策时的真实意愿与感受分析、应对能力与承受能力测评等方面缺乏关注，还需进一步研究。社会调查不仅是研究过程，而且是观念、价值和共识的形成过程，基于环保信用评价的政策制定过程

---

① 张国兴、邓娜娜、管欣、程赛琰、保海旭：《公众环境监督行为、公众环境参与政策对工业污染治理效率的影响：基于中国省级面板数据的实证分析》，《中国人口·资源与环境》2019 年第 1 期，第 144~151 页。

② 王瑞雪：《公法视野下的环境信用评价制度研究》，《中国行政管理》2020 年第 4 期，第 125~129 页。

③ 尹建华、弓丽栋、王森：《陷入“惩戒牢笼”：失信惩戒是否抑制了企业创新？——来自废水国控重点监测企业的证据》，《北京理工大学学报》（社会科学版）2018 年第 6 期，第 9~17 页。

④ 张鲁萍：《环境领域失信联合惩戒：实践展开、制约因素与规制路径》，《征信》2022 年第 6 期，第 28~34 页。

⑤ 丁飞、周铭、张晶、王海红、卫小平：《企业环境信用评价在企业运营和行政监管过程中的应用研究》，《环境科学与管理》2021 年第 3 期，第 15~18 页。

与政策变迁，本部分对企业开展了较大范围的问卷调研、访谈、座谈等，将定量、定性研究方法作为一个混合体进行考虑，以期为环保信用评价的学理分析提供实证验证，为环保信用评价的政策制定提供参考和借鉴。本部分关注企业对环保信用评价政策的主观态度、参评意愿、企业感受到的政策效果、企业对政策措施及其效果的主观态度等，并根据调查结论提出相应政策建议，将其反馈到政策制定过程中，使环境政策更具有包容性和适用性。

研究团队首先对环保信用评价政策的内容进行分析。采用文本分析法、历史分析法解析环保信用评价的政策目标、政策手段，并结合政策实施的工作机制识别政策对企业产生影响的关键环节。

随后，研究团队开展了问卷调查与访谈。与企业、社会公众、专家学者、行业协会进行接触，准确收集和科学处理利益相关者的需求、观点和态度信息。这一研究过程有利于企业、行业协会、社会公众等主体参与生态环境决策，是促进公众参与的有效方式。这一过程主要包括以下两个环节。一是分层抽样，选择天津、山西、辽宁、上海、江苏、安徽、福建、湖南、重庆、云南等 18 个省（市）的企业开展问卷调查。回收有效问卷 3698 份，其中，东、中、西部地区样本占比分别为 56.9%、22.5%和 20.6%；大型、中型、小型和微型企业样本占比分别为 14.5%、25.8%、47.6%和 12.1%；国有企业样本占比 25.6%，民营企业样本占比 55.0%，外资和港澳台商投资企业样本占比分别为 11.8%和 7.6%；制造业企业样本占比 63.1%，电力、热力、燃气及水生产和供应业企业样本占比 11.2%，水利、环境和公共设施管理类企业样本占比 10.0%，其他行业的企业占比 15.7%；参与过环保信用评价的企业样本占比 65.5%，其中最优等级、中间等级、最差等级企业占比分别为 26.9%、38.0%和 0.6%。二是开展利益相关方的专题访谈，采取专题小组讨论、个别深入访谈的方式进行。邀请企业、行业协会、律师代表等参加讨论。访谈是非结构式和开放式的，访谈内容涵盖环保信用评价的管理范围、法律依据、管理流程、评价标准、信用修复、惩戒措施等，为访谈对象提供充分的政策信息。

（一）政策分析

信用监管机制强调监管机关对信用信息进行收集、评价，并在此基础上采取分类监管或给予相应奖励、惩戒等措施，以促进监管目的实现。① 梳理环保信用评价的政策文本，回顾其发展的历史进程，可以发现，环保信用评价政策的目标非常清晰，即通过环境信息公开倒逼企业遵守环境法律法规。② 2005 年，国家环境保护总局发布《关于加快推进企业环境行为评价工作的意见》（环发〔2005〕125 号），推动各地开展企业环境行为评价工作。2007 年，国家环境保护总局发布《关于落实环保政策法规防范信贷风险的意见》（环发〔2007〕108 号），推动金融领域以严格信贷管理的方式支持环境保护，并开展部门间信息共享，加强对企业环境违法行为的经济制约并提高监督水平。2011 年 10 月，国务院印发《关于加强环境保护重点工作的意见》（国发〔2011〕

① 孔祥稳：《作为新型监管机制的信用监管：效能提升与合法性控制》，《中共中央党校（国家行政学院）学报》2022 年第 1 期，第 143～150 页。

② 王华、Linda Greer、蔺梓馨：《环境信息公开的实践及启示》，《世界环境》2008 年第 5 期，第 24～26 页。

35 号），要求建立企业环境行为信用评价制度。2013 年印发的《企业环境信用评价办法（试行）》是对过去十多年来信用评价实践的总结和肯定，以此为标志，环保信用评价进入快速发展阶段，开展环保信用评价的试点不断增多，评价企业范围扩大，跨部门联合奖惩开始实施，评价结果得到广泛应用。

同时，随着国家社会信用体系建设进入快车道，[①] 社会信用领域聚焦治理失信行为高发问题，[②] 实施守信激励和失信惩戒措施，包括行政性、市场性、行业性、社会性四大类。2016 年开始，31 个部门实施了基于环保信用的联合惩戒措施。2020 年以后，为了解决“信用泛化”的问题，[③] 国家对社会信用体系建设提出了要求，采取目录制与清单制的模式对公共信用信息实施规范化管理，[④] 环保信用评价也开始朝着规范化方向发展。2021 年，《关于全面实施环保信用评价的指导意见（征求意见稿）》延续了环保信用评价的政策目标和政策手段，提出了明确环保信用评价的范围标准和依据、规范环保信用评价流程、强化环保信用评价结果应用、夯实环保信用评价信息基础、加强环保信用评价的组织实施共 5 个方面的政策措施，体现了规范化发展的政策思路。

---

① 韩家平：《信用监管的演进、界定、主要挑战及政策建议》，《征信》2021 年第 5 期，第 1~8 页。

② 连维良：《推进社会信用体系建设 营造公平诚信的市场环境》，《中国经贸导刊》2016 年第 21 期，第 5~6 页。

③ 何玲：《“清单管理”助力信用法治建设行稳致远——专家解读〈全国公共信用信息基础目录（2021 年版）〉和〈全国失信惩戒措施基础清单（2021 年版）〉》，《中国信用》2022 年第 1 期，第 20~21 页。

④ 王伟：《目录清单制是社会信用体系建设迈向良法善治的最新实践》，《中国信用》2022 年第 1 期，第 24~25 页。

环保信用评价是一项复合型的环境管理工作，其政策目标主要为促进排污企业诚信守法，政策手段主要包括行政性的综合评价、信息公开、分级分类监管、联合奖惩等措施。从政策运行机制上看，环保信用评价主体为生态环境部门，参评单位主要为环境行政执法中的监管对象，信用评价标准由生态环境部门制定，生态环境部门根据评价标准开展环保信用评价，评价结果即企业环保信用评价等级对社会公开，其运行机制见图 4-1。

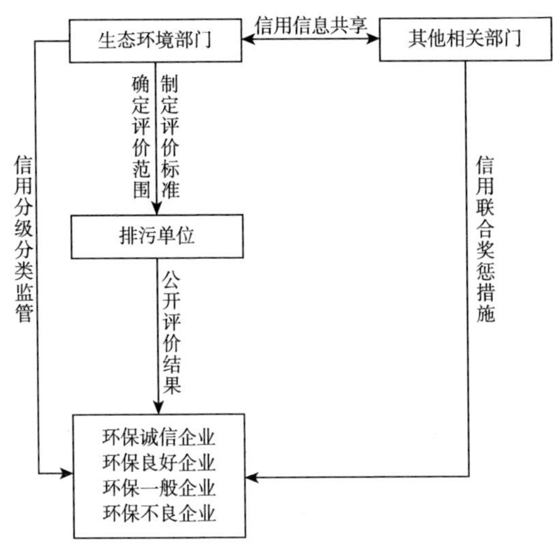

图 4-1　环保信用评价政策机制示意

（二）调查结论

研究结果表明：首先，环保信用评价政策的目标明确，政策措施可以有效促进企业从多方面改善环境行为，环保信用评价在总体上对企业及其营商环境有正面影响；其次，从具体政策措施上看，环保信用信息规范性不足，多数企业不了解或不完全了解环保信用信息，不利于企业有针对性地改善环境行为；再次，企业关注的问题主要为政策实施是否会增加企业成本和工作量、评价结果的应用范围、企业信用信息权益的保护；最后，对企业影响较大的政策措施为行政许可类、财政资金支持类等措施，不同规模、不同性质以及不同地区的企业对各类政策措施的敏感程度有所差异。

1. 绝大多数企业有意愿参加环保信用评价，环保信用评价对绝大多数企业有正面影响

信用监管是一种新型监管机制，其合法性、规范性等方面在理论界尚存争议，[①] 环保信用评价仍在改革和探索过程中。因此，企业对政策的接受程度是环保信用评价政策制定过程中需要考虑的重要因素。调查结果显示，约97.3%的企业愿意参加环保信用评价，其中西部地区企业参与意愿相对较低（见图4-2）。在实践中，环保信用评价政策的实施在地域范围上有发展不均衡的特点，山东、河南、江苏、浙江等中东部地区开展环保信用评价工作较早，评价企业范围较为广泛，评价企业数量较多，环保信用评价具有较好的社会基础；云南、甘肃等西部地区环保信用评价政策实施范围较窄，评价企业数量相对较少，环保信用评价的社会基础相对薄弱，这会导致西部地区的部分企业参与环保信用评价的意愿相对较低。

① 罗培新：《论社会信用立法的基本范畴》，《中国应用法学》2023年第2期，第27～35页。

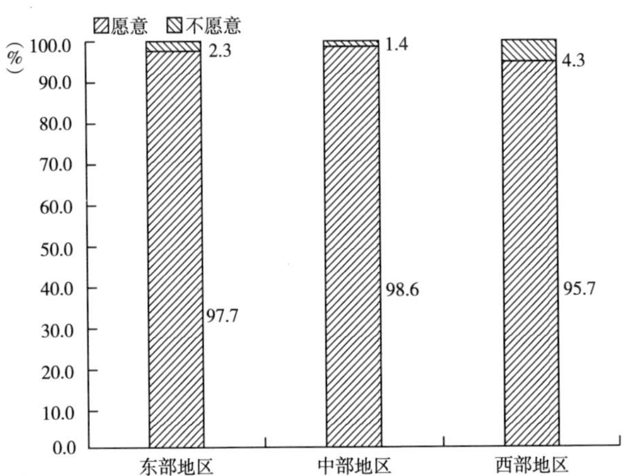

图 4-2　各地区企业参加环保信用评价意愿对比

绝大多数企业认为环保信用评价对企业有正面影响。在参加过环保信用评价的企业中，86.6%的企业认为环保信用评价对企业有较大正面影响或一般正面影响（见图 4-3）。89.2%的企业认为在全国范围内全面实施企业环保信用评价立法对企业营商环境有较大正面影响或一般正面影响（见图 4-4）。企业对环保信用评价政策的积极态度也为相关政策的实施提供了基础。

环保信用评价的影响与企业规模密切相关。在环保信用评价对企业的总体影响方面，环保信用评价对大型、中型企业的正面影响和负面影响均高于小型、微型企业（见图 4-5）。值得注意的是，15.9%的微型企业认为环保信用评价对其无影响，这一比例远高于大型企业和中型企业 8.6%、8.9%的比例。在环保信用评价立法对企业营商环境的影响程度方

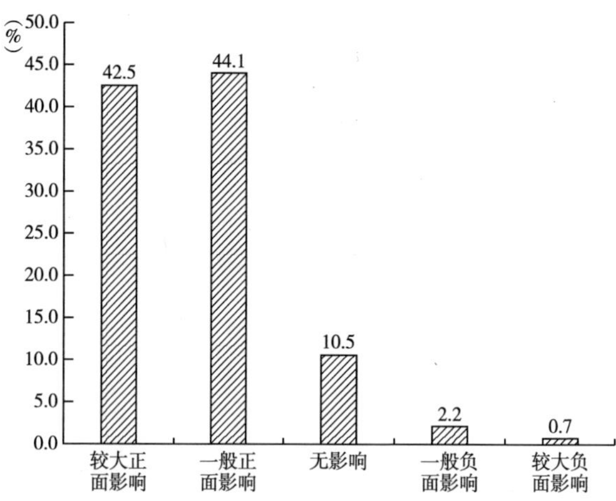

图 4-3　参加过环保信用评价的企业认为其对企业总体影响情况分布

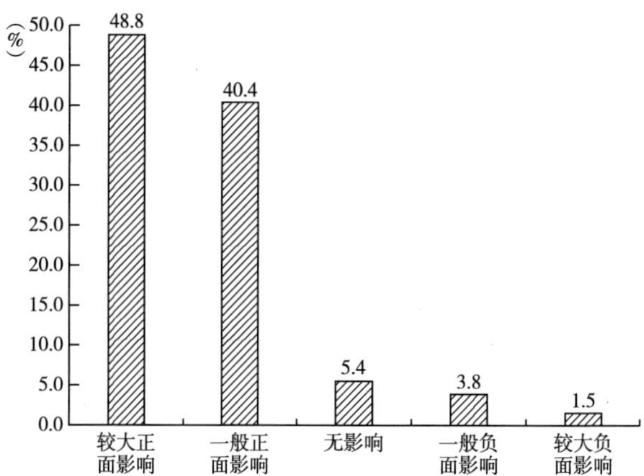

图 4-4　企业认为实施环保信用评价立法对企业营商环境影响情况分布

面，10.3%的微型企业认为环保信用评价立法对其无影响，这一比例远高于大型企业（见图 4-6）。原因可能在于，环保信用评价是综合了行政性

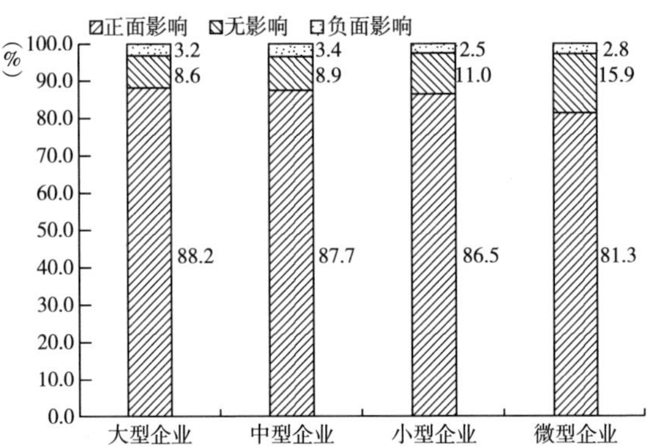

图 4-5 不同规模企业认为环保信用评价对企业总体影响分布

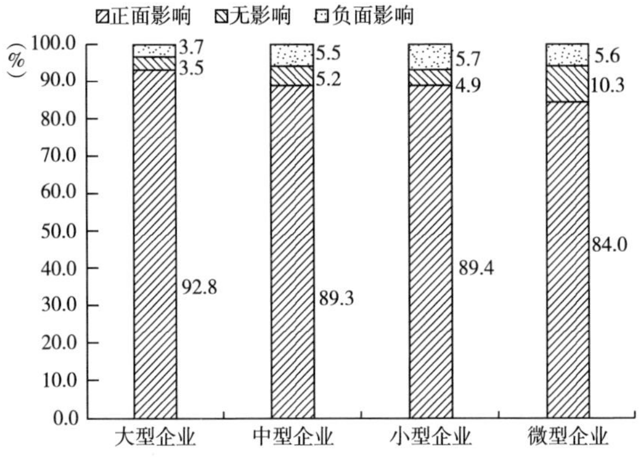

图 4-6 不同规模企业认为环保信用评价立法对企业营商环境影响程度分布

的综合评价、信息公开、分级分类监管、联合奖惩等措施的一种新型监管机制，大型企业的社会影响力较强，相应的违法失信成本较高，信用分级分类监管措施与奖惩措施等会对大型企业的生产经营产生较大影响，而对小微型企业，特别是微型企业而言，存在即使在环保信用评价中表现较好，也很难获取“奖励”，即使表现较差，也能够逃避“批评”的现象。[①] 因此，环保信用评价政策中的信息公开、分级分类监管、奖惩措施对于小型、微型企业难以发挥作用。

2. 环保信用评价政策促进企业从多方面改善环境行为

环保信用评价政策的目标主要是促进企业改善环境行为，提高企业环保守法与污染治理的积极性。问卷调查结果显示，环保信用评价政策的实施可以从增强企业环保守法意识、提高企业领导重视程度等多方面促进企业改善环境行为。

企业认为环保信用评价政策对其具体产生的影响从高到低依次为增强企业环保守法意识、增强高层领导对企业内部环保工作的重视程度、促进企业对环保政策的学习、安排专门人员/职位/部门进行环保信用信息的收集与披露、增加企业经济支出、拓展企业的环保业务等（见图 4-7）。企业访谈分析结果显示，环保信用评价政策导致企业增加的经济支出主要是企业为改善环保信用评价结果而采取的升级污染防治措施等费用。

3. 多数企业不完全了解环保信用信息的范畴

环保信用信息是环保信用评价的依据，生态环境主管部门根据环保信用信息评价企业环保信用评价等级。企业准确认知和了解环保信用信息的范畴，有利于企业有针对性地改善环境行为，实现政策目标。问卷调查结果显示，对于环保信用信息，55.0%的企业表示仅了解一些，10.4%的企业表示不了解（见图 4-8）。

---

① 龙文滨、李四海、丁绒：《环境政策与中小企业环境表现：行政强制抑或经济激励》，《南开经济研究》2018 年第 3 期，第 20~39 页。

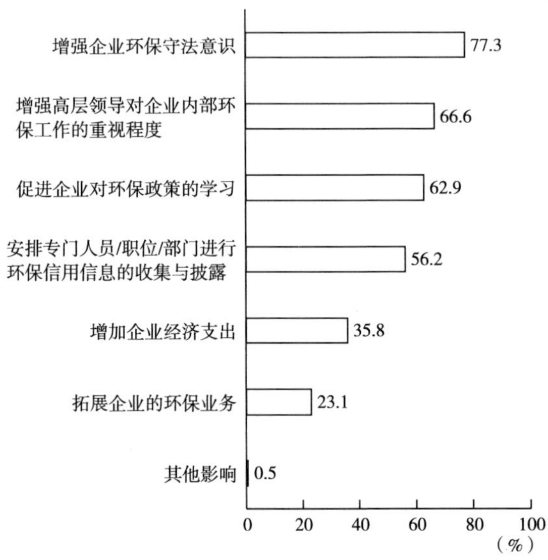

图 4-7　环保信用评价政策对企业产生的具体影响分布

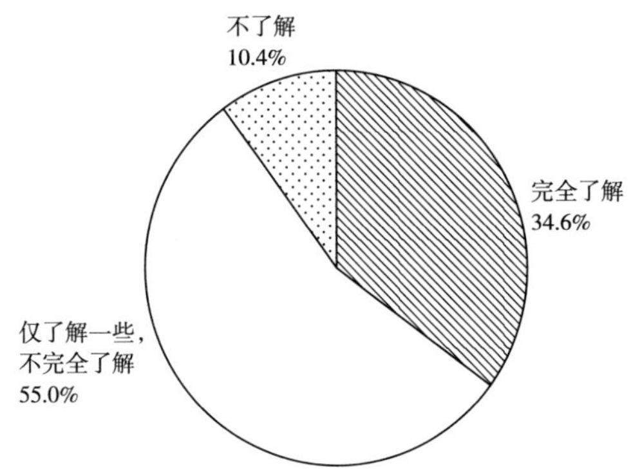

图 4-8　企业对影响信用评价的环保信用信息了解情况分布

对环保信用信息的了解程度与企业规模和企业性质密切相关。大中型企业、外资企业对于环保信用信息的认知和了解程度较高（见图 4-9、图 4-10）。原因可能在于，作为环保信用评价依据的环保信用信息的内容较为复杂，且各地差异较大，一般包括企业内部环境管理情况、环保守法情况、社会监督情况以及社会责任履行情况等，大中型企业、外资企业一般会配备专业的环保管理专职人员，因而对环保政策更为关注和了解。

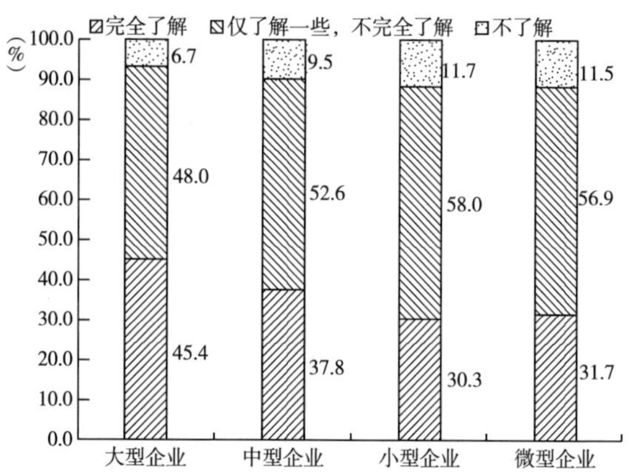

图 4-9　不同规模企业对影响环保信用评价的环保信用信息了解程度分布

4. 成本与工作量、评价结果应用范围及企业信用信息权益保护是企业关注的重点

环保信用评价在实践中存在若干问题。问卷调查结果显示，环保信用评价管理中，企业最关注的问题是环保信用评价增加企业成本与工作量，其次是环保信用评价结果应用范围小（见表 4-1）。从评价结果的应用情况看，目前环保信用评价主要应用在两个方面。一是生态环境部门根据环保信用评价结果对企业实施分级分类监管，如根据企业评级结

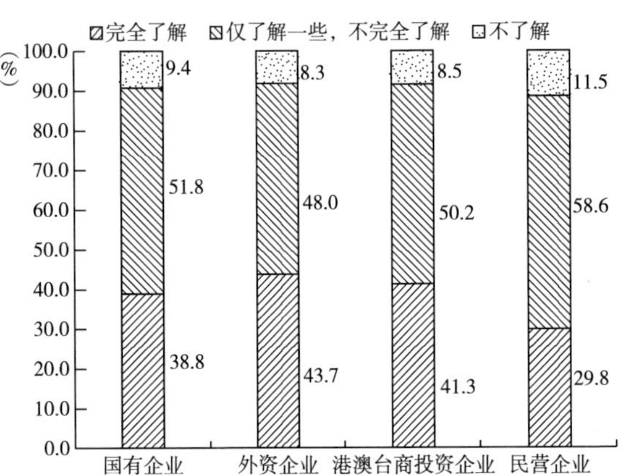

图 4-10 不同性质企业对影响环保信用评价的环保信用信息了解程度分布

果调节执法检查频次和日常监管力度，实施“审批绿色通道”等便利服务措施。二是其他相关部门根据环保信用评价结果对企业实施激励或惩戒措施，如在政府采购和公共工程建设项目招标、基础设施和公共事业特许经营活动、财政性资金项目安排、科研管理、表彰奖励等过程中加入对企业环保信用评价结果的应用。此外，金融机构在融资授信、厘定环境污染责任保险费率等过程中，也往往会参考企业环保信用评价结果。但是，上述应用措施主要由规范性文件进行约束，法律依据不足，各级政府部门在实施这些应用措施时受到较大的限制。此外，环保信用评价所需的信息在不同地方有不同的政策要求，有些地方的评价信息较为复杂，需要企业主动提供相关信息，部分企业认为环保信用评价政策的实施会增加其成本与工作量。

表 4-1　环保信用评价管理中企业最关注的问题平均排名

序号	关注问题	平均排名
1	增加成本与工作量	2.52
2	评价结果应用范围小	2.63
3	所需信息难以提供	2.84
4	评价结果变更（修复）难度大	3.18
5	评价结果准确度不高	3.82

小组讨论结果显示，企业较为关注的与环保信用信息相关的问题主要有环保信用信息的知情权、商誉保护、对于企业法人和主要负责人个人信用记录的保护、信用修复、相关权利救济途径以及参与市场公平竞争的其他基本权利等。部分企业和行业协会提出，环保信用评价的结果在全社会范围内公开，对于企业商誉会造成较大影响，特别是对于环保信用评价等级为“差”的企业，这会严重影响企业商誉，且较难通过信用修复的方式恢复。

5. 对企业影响较大的政策为行政许可类、财政资金和项目支持类、公共资源优先交易等

分级分类监管措施、激励惩戒措施是环保信用评价政策发挥效用的重要保障。在实践中，各地分级分类监管措施、激励惩戒措施存在差异。调查不同规模、不同性质的企业对政策的敏感度能为政策的实施方式和力度等提供参考。问卷调查结果显示，企业对行政许可、财政资金和项目支持、公共资源优先交易、检查频次增减等措施较为敏感（见表 4-2），对上市审批、环境问题媒体曝光、行业协会会员级别调整等措施相对不敏感。

表 4-2 企业对激励措施与惩戒措施敏感度平均排名

序号	激励措施	平均排名	惩戒措施	平均排名
1	在实施行政许可等工作中，给予优先办理、简化程序等便利服务措施	2.46	在实施行政许可等工作中，列为重点审查对象，不适用承诺简化等程序	2.76
2	在财政资金和项目支持中，在同等条件下列为优先选择对象	2.78	在财政资金资助和项目支持中，进行相应限制	3.28
3	在公共资源交易中优先予以支持	4.20	列为重点监管对象，增加检查频次，加强现场检查	3.75
4	减少检查频次	5.20	在行政管理中，限制享受相关便利服务措施	3.93
5	增加授信额度，降低贷款利率	5.37	降低授信额度，提高贷款利率	5.36
6	优先获得相关荣誉称号	5.88	限制获得相关荣誉称号	6.02
7	在政府采购、招标投标、资金和项目支持、国有土地使用权出让、科研管理等方面予以政策倾斜	6.53	在政府采购、招标投标、资金和项目支持、国有土地使用权出让、科研管理等方面予以限制	6.54
8	提高行业协会会员级别	7.61	加大对环境问题的媒体曝光力度	7.23
9	保险机构给予环境污染责任保险费率优惠	7.81	降低行业协会会员级别	7.44
10	加大对诚信典型的媒体宣传力度	8.44	限制上市审批	8.70
11	加快上市审批	9.73		

在企业规模和企业性质方面具有不同特征的企业，对于守信激励和失信惩戒措施的敏感程度不同（见图 4-11、图 4-12）。小型企业与微型企业对在实施行政许可等工作中给予优先办理及简化程序等便利服务措施、在公共资源交易中优先予以支持、减少检查频次、提高行业协会会员级别更为敏感；国有企业对于在实施行政许可等工作中给予优先办理、简化程序

等便利服务措施的排名低于其他类型企业，而对优先获得相关荣誉称号措施的排名高于其他类型企业；外资企业对于保险机构给予环境污染责任保险费率优惠措施的排名明显高于其他类型企业；港澳台商投资企业对于减少检查频次措施的排名明显高于其他类型企业。在环境问题曝光上，大型企业最敏感，微型企业最不敏感，外资企业和港澳台商投资企业比国有企业、民营企业更为敏感。对于降低行业协会会员级别，微型企业比大型企业更为敏感。

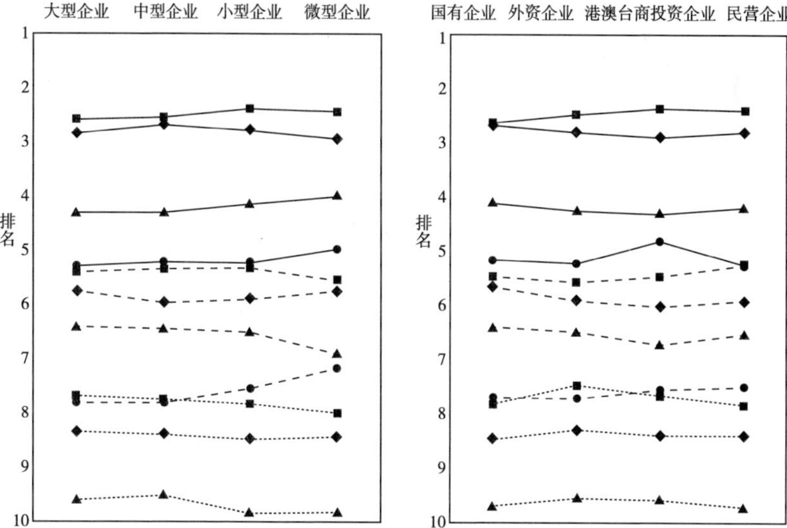

图 4-11　不同规模、性质企业对激励措施的排名对比

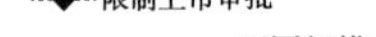

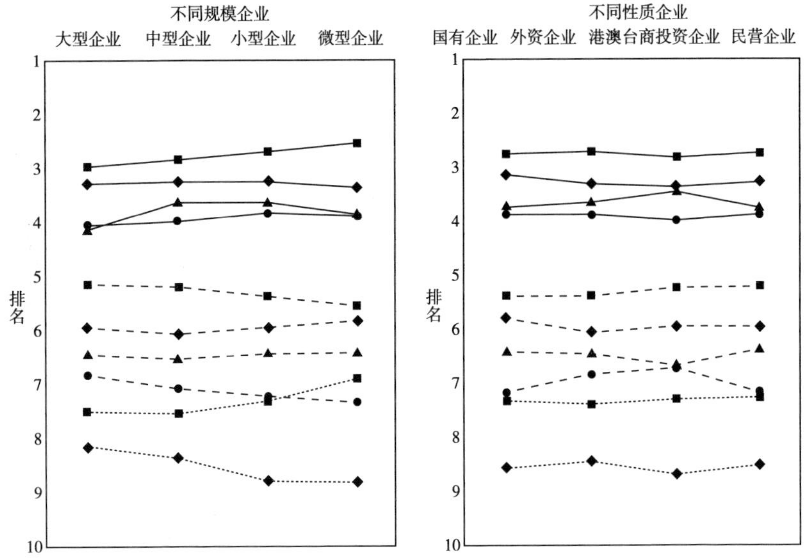

图 4-12　不同规模、性质企业对惩戒措施的排名对比

（三）政策建议

1. 充分关注环保信用评价政策对小微企业的影响

环保信用评价政策具有较好的社会基础，企业接受度较高。相较而言，政策对小微企业的负面影响强于大中型企业。因此，政策内容应当

充分考虑环保信用评价对小微企业的影响。一是在确定环保信用评价范围时，审慎考虑将小微企业纳入评价范围的步骤和时机，如决策部门可以将小微企业是否纳入环保信用评价范围的问题划入省级生态环境部门制定地方政策的自由裁量范围，由省级生态环境部门根据地方经济社会发展需求来确定。二是制定合理的信用修复程序，为失信企业提供畅通、高效、便捷的信用修复渠道。

2. 注重环保信用信息的规范化管理

环保信用评价政策促进企业从多方面改善环境行为，但多数企业并不完全了解环保信用信息的范畴。在政策机制的设计中，环保信用信息既是评价企业环保信用评价等级的主要依据，也是政策对企业行为进行引导的明确指标。企业不了解环保信用信息会导致政策对企业环境行为的引导不够精确和有效，从调查结果看，政策对企业的引导目前主要停留在增强企业守法意识、增强企业领导对环保措施重视程度的主观层面，尚未将这种主观意识进一步细化到行为层面。《关于全面实施环保信用评价的指导意见（征求意见稿）》对环保信用信息的来源与类别提出了规范性要求，可以在其配套文件中制定“环保信用信息管理办法”，明确界定环保信用信息的定义、来源、公开期限等，并制定“环保信用信息基础目录”，对环保信用信息开展规范化管理。同时，建立国家层面的信用信息共享平台，对社会提供信息公开查询服务，运用信息平台促进政府、市场、企业、社会多方关于环保信用信息的沟通。

3. 审慎公开环保信用评价结果

企业十分关注环保信用评价过程中的权益保护和商誉保护问题。环保信用评价等级的公开有可能直接或间接地对信用主体产生影响，建议有关部门审慎公开环保信用评价结果。一是在全社会范围内公开环保信用评价等级为“优”的企业，充分发挥环保信用评价对企业的引导、示范作用；二是对其他信用等级的企业，采用相关部门间政务共享、企业授权查询等方式进行信息披露，既不影响环保信用评价结果在各部门间发挥信用监管作用，又能兼顾企业商誉保护；三是在配套文件中规定企业环保信用信息知情权，企业有权查询其环保信用信息，国家机关在对企业开展环保信用惩戒措施时，企业应当被告知相关惩戒依据，并加强环保信用评价全过程中对企业权利救济途径的规定。

4. 采用清单制进一步明确环保信用分级分类监管与激励惩戒措施

不同规模、不同性质的企业对分级分类监管措施与跨部门激励惩戒措施的敏感程度不同。这说明，环保信用评价对不同规模、不同性质的企业产生的实际效果有所差异。在政策实施过程中，应制定更为精细化的“环保信用分级分类监管措施清单”，根据环保信用评价等级，考虑对规模、性质不同的企业开展差异化的分级分类监管，优化监管资源配置。在国家层面，制定环保信用分级分类监管措施的政策时，可以考虑授予省级生态环境部门更多的自由裁量权，便于地方生态环境部门根据其辖区内企业的具体特点制定更为精细的监管措施。同时，推动各部门按照各自的职责范围，基于“合法、关联、比例”的原则，制定“环保守信激励和失信惩戒措施清单”，并根据清单对企业进行依法奖惩。

5. 加强对环保信用评价政策的解读和宣传

环保信用评价作为一种复合型的新型监管机制，其政策制定还在发展过程中，随着社会信用体系建设的不断深入，新的政策机制也在逐渐探索、生成，如环保信用评价标准和方法、环评审批的告知承诺制、环保信用修复等。《关于全面实施环保信用评价的指导意见（征求意见稿）》提出了对环保信用评价标准和方法的统一、对环保信用评价流程的规范、环保信用修复机制等内容，鉴于各地正在实施的环保信用评价政策与《关于全面实施环保信用评价的指导意见（征求意见稿）》的要求有一定差距，加强企业和社会公众对于环保信用评价的评价依据的了解，有利于政策执行和落实。建议采取专家解读、企业典型案例分析等方式针对调查过程获知的以下问题加强解读和宣传：一是关于环保信用评价中的信息收集成本和工作量的问题，重点解读在目前政策内容中，企业不承担信息采集或提交的义务，而由环境部门和其他国家机关负责信息采集、记录等工作；二是关于环保信用信息范围的问题，重点解读环保信用信息目录的作用、基本内容等；三是关于环保信用评价的流程与企业权益保护问题，让企业充分了解其在环保信用评价的各个环节中的合法权益以及权利救济的途径。

五　环保信用制度实施的基本成效

环保信用制度在实践中不断创新、发展，将企业的生态环境行为转化为信用评价指标或信用信息并进行评价打分，可以直观体现企业的生态环境状况。将企业环保信用信息应用到分级分类监管、市场价格、信贷融资等领域，在关键环节对企业进行激励或惩戒，以小博大，将生态环境保护与经济社会发展有机融合，推动形成新发展格局。

（一）引导企业对标环保信用评价标准，促进企业绿色发展

环保信用评价通过设定多维度的评价指标，引导企业从不同角度提升污染防治与生态环境治理水平，促进企业实现绿色发展。2013 年《企业环境信用评价办法（试行）》规定了 4 项一级评价指标、21 项二级评价指标，覆盖了污染防治、生态保护、环境管理、社会监督 4 个方

面。各省（区、市）在此基础上，结合地方特色和实际工作实践探索和创新具有地方特色的环保信用评价指标。

比如，浙江企业环境信用评价总分为 1000 分，包括环境守法（300 分）、环境管理和生态保护（300 分）、社会责任（400 分）共 3 个一级指标，一级指标下设置若干二级指标；甘肃将企业环保标准化建设和企业环保信用评价置于同一框架下，采用五百分制打分法，指标涵盖环境保护主体责任落实、污染治理设施运行管理等 5 类 27 项 122 个具体要求。辽宁、江苏、湖南和广西等地采用环境行为记分制进行评价，对企业在初始分值基础上依据扣分或加分指标进行相应的记分。

虽然环保信用评价标准在各地具有较大差异性，但从其内容上看，基本覆盖了企业在污染防治、生态保护、环境管理、社会监督等多方面的环境行为表现。企业若想获得较好的环保信用评价结果，就需要切实对照环保信用评价指标改进其环境行为，提升污染治理水平，严格遵守生态环境法律法规。比如，湖南在全国率先开展省级及以上产业园区环保信用评价工作，以产业园区环境准入管理、环境基础设施建设、环境监测、环境风险防控、环境综合治理五项能力建设作为评价指标，不断提升产业园区环境治理体系和治理能力现代化水平，以生态环境高水平保护助推经济高质量发展。

专栏 1：从“自律”到“自信”，环境保护成为企业自觉担当

企业环境管理，不仅需要生态环境部门加强监管，引导企业增强自觉守法意识，而且要求企业切实压实环境保护主体责任，让主动守法成为常态。为此，河北省生态环境厅不断探索和拓展企业环境管理的监管服务模式，从试行环境保护承诺制，到环保信用初评制度，为企业完善环境管理加强了制度保障。

兑现环境保护承诺，更加自觉担当环境保护责任

截至 2016 年，河北省组织 240 家企业签订了环境保护承诺书，并对需要公开环境信息的 7 家企事业单位全部予以环境信息公开。签订环境保护承诺书的企业负责人表示，“签订承诺书，对我们是一种自我管理、自我约束和自我监督，落实环保要求的责任感和使命感更强了”。推行企业环境保护承诺制，是《企业事业单位环境信息公开办法》和《河北省环境保护公众参与条例》的要求。以上制度要求企业恪守诚信，认真公开承诺内容，严格遵守并逐条落实公开承诺事项，主动承担起环境保护的责任和义务。通过环境保护承诺，企业主动实施节能减排，环境管理自觉和自律能力得到增强。

参与环保信用初评，对标整改，提升行业自信

2019 年以来，河北省共对 5000 余家重点排污单位开展环保信用初评，有效消除环境风险隐患 6000 多个，切实帮助企业消除环境风险隐患，提高了企业在行业中的竞争力。这得益于河北省在 2019 年印发《河北省企业生态环境信用管理办法（试行）》后，探索建立的企业环保信用初评制度。河北省生态环境厅有关负责人在解释环保信用初评的目的和意义时说：“在信用评价前，先开展一次帮扶体检式评价，全面了解企业环境管理现状，帮扶企业消除环境隐患，提升其环境管理水平。企业通过对标初次评价涉及的环保行政许可制度、污染物排放控制、环境监测管理、环境应急管理、企业内部环境管理等指标，及时纠偏补缺，提升环境管理和基础设施建设水平。”

环保信用初评制度注重技术帮扶和简化程序，结合分表计电、远程执法抽查、污染源在线监测等科技监管手段，对存在环境污染风险的企业开展风险预警，对企业存在的环境问题一次性发现指出，对企业环境管理现状一次性评价到位，极大减轻了企业负担。

（《综合规划与政策典型案例 ｜ 环保信用评价⑩：从“自律”到“自信”　环境保护成为企业自觉担当》，https：//www.mee.gov.cn/ywgz/zcghtjdd/sthjzc/202211/t20221101_998928.shtml，最后访问日期：2023 年 10 月 7 日。收入本书时有修改）

专栏 2：江苏“环保脸谱”让信用评价迈出智慧化步伐

环境好不好？看“脸色”就知道。江苏省创新性地将环保信用评价引入企业“环保脸谱”智慧系统，用 5 种脸色表情对应企业不同的环保信用评价结果，形象直观地展示企业生态环境守法情况。

通过该智慧系统，一方面，企业可以实时查看自身的生态环境问题，并根据预警提醒开展问题整改；另一方面，公众也可以通过系统提供的“一码通看、码上监督”服务，更加便利、快速地参与生态环境治理，推进生态环境治理从信息化迈向智慧化。

实时反映企业环保信用评价结果，远程服务提高监管效能

江苏省政府于2020年12月启动“环保脸谱”智慧系统，每家参评企业都有一个专属二维码，通过脸色表情和星级评价展示企业治污主体责任履行情况。“环保脸谱”通过与企业环保信用评价结果充分衔接，将企业的环保脸谱划分为“绿色（笑）、蓝色（微笑）、黄色（失落）、红色（难过）、黑色（哭）”5种，并通过对企业环保问题整改、环境监测监控、环保应急管理、环评与排污许可管理、危废管理5个方面的星级评价，实时反映企业的污染防治水平和环保信用情况。

截至目前，江苏省“环保脸谱”智慧系统已对20多万家企业的环保行为进行评价赋码，其中黑色（严重失信）企业147家（占比0.072%），绿色（守信）企业644家（占比0.318%）；从星级情况看，5星企业170010家（占比83.833%），3星以下企业28784家（占比14.194%）。另外，5星“笑脸”（绿色、守信）企业245家（占比0.121%），3星以下“哭脸”（黑色、严重失信）企业32家（占比0.016%）。

通过“环保脸谱”智慧系统，江苏省生态环境部门及时将最新的政策标准向企业精准推送，帮助企业及时了解最新的政策要求，避免企业因为信息获取不及时而影响其环保信用评价结果。

同时，根据企业存在的环境问题及治理需求，相关部门开展在线答疑，帮助企业解决治理难点、痛点、堵点。依据企业“环保脸谱”建立“非现场”监管模式，通过系统及时向企业发出问题预警和整改要求，实时跟踪企业问题整改进展，对整改完毕的企业开展远程核查销号，对存疑的整改事项开展现场核查，避免有限执法资源的浪费。将企业环保信用评价结果作为执法检查频次调整的重要依据，通过对企业环保行为进行画像分析，执法人员更容易发现企业的违法行为，执法精准性更高，可以做到“对守法者无事不扰、对违法者利剑高悬”，有效提升服务和监管水平。

帮助企业即知即改，方便公众参与监督

过去很长一段时间，企业在推动环境管理工作时往往很被动，都是监管部门发现问题后，企业再落实整改。有了“环保脸谱”后，这种情况得到明显改善。生态环境部门会结合企业环保信用评价指标、企业环境管理水平及企业环境安全风险状况等，对企业进行每日评价。之后，将评价结果、环境问题、违法案例、企业依法应当履行的生态环保责任等，直接推送至责任企业和相关负责人，让企业及时了解自身存在的环境风险隐患。

通过开展预警提醒，企业可以依据问题清单和整改标准，及时开展问题整改，主动反馈，实现整改过程和结果信息及时登记反馈、整改情况全程留痕，避免企业在环境管理方面因存在问题被连续扣星、因发生违法问题而遭受处罚。江苏的“环保脸谱”智慧系统，最大限度地整合了各类生态环境业务系统，实现数据一次填报多次使用，最大限度地为企业减负，企业也可通过系统发现基础数据申报问题，及时更新企业相关数据信息。

“环保脸谱”不仅给企业带来便利，也为公众参与环保监督带来便利

企业的“环保脸谱”评价结果可在江苏省生态环境厅官方网站上查看。手机用户可在“江苏生态环境”微信公众号查看，也可直接搜索“江苏环保脸谱”微信小程序选择相应入口进入。借助“江苏环保脸谱”微信小程序，公众可以通过“扫一扫”，快速了解企业的基本档案、环保评价指标信息、企业污染排放情况和受到的处罚等信息。同时，公众可以利用“举报投诉”功能，对企业环境治理情况进行监督，随手拍、随手传，让“数据多跑路、群众少跑腿”。此外，小程序的举报投诉数据直接和江苏省生态环境厅环境信访举报系统对接。企业的处理结果可以在小程序中直接查询，确保企业整改得到监督和落实。

（《综合规划与政策典型案例 | 环保信用评价⑨：江苏“环保脸谱”让信用评价迈出智慧化步伐》，https：//www.mee.gov.cn/ywgz/zcghtjdd/sthjzc/202210/t20221031_998450.shtml，最后访问日期：2023 年 10 月 7 日。收入本书时有修改）

（二）激励与惩戒并重，推动企业高质量发展

在市场经济中，信用不仅是一种道德自律，而且反映了市场经济主体对守信成本与经济收益关系的判断。如果守信者处处受益，失信者寸步难行，那么市场经济主体就会做出更理性的判断，以守信为最明智的选择。近年来，各地开展基于环保信用评价等级的分级分类监管，加强

环保信用评价结果的应用。环保信用评价等级较高、环境风险较低的企业会获得更多的市场机会、行政奖励、稀缺行政资源等。因此，这类企业的经营成本降低，在市场竞争中可以获得较大优势。环保信用评价的分级分类监管措施以及其他激励、约束措施成为助力市场优胜劣汰的绿色过滤器，从而达到调整产业结构、推动高质量发展的效果。

环保信用评价被广泛应用于绿色金融、市场监管、价格调节等领域，已经成为企业发展道路上的绿色名片，守信者“得实惠、减压力”，享受到更好的行政服务、融资服务、公共服务和更低的市场成本。环保信用高则经济成本低。良好的环保信用能够变现融资，因此，环保信用已经在更多领域被视为一种生产要素。管理部门深入推动企业环保信用评价结果应用，将企业环保信用信息共享给金融部门，推动了企业环保信用评价结果在信贷支持工作中的广泛应用。同时，建立环保信用绿色通道，助力环保守信企业优先发展。比如，海关总署按照《关于对环境保护领域失信生产经营单位及其有关人员开展联合惩戒的合作备忘录》，连续多年对环境领域的失信企业实施联合惩戒措施。一些地方将环保信用评价结果推送至行业监管部门和金融机构，实施差别水电价、信贷等政策。江苏省多地将企业环保信用评价信息推送至银行等金融机构，并出台政策鼓励金融机构对环保信用良好的企业提供简化信贷程序、优惠利率定价等服务。

专栏 3：跨区域跨部门环保信用监管，为企业绿色发展增添“信”动力

守信将“一路绿灯”，失信将“处处受限”。作为环境监管的一把“戒尺”，环保信用评价发挥的作用日益突出，各地都在积极探索环保信用监管模式。浙江省着重以部门协同、信息共享和联合惩戒为抓手，构建政府和社会共同参与的跨区域、跨部门的环保信用监管新模式。实践证明，这种新模式可以形成鞭策企业不断改善自身环境行为的监督力量，在潜移默化中不断优化企业营商环境，为企业绿色发展增添“信”动力。

长三角区域协作，推动环保信用互信互认

2020年以来，浙江省生态环境厅牵头联合浙江省、江苏省、安徽省、上海市（以下简称“三省一市”）信用部门、生态环境部门印发《长三角地区生态环境领域实施信用联合奖惩合作备忘录》，推动长三角区域环保信用一体化管理。

在推动信用信息共享和结果互认方面，建立长三角区域环保信用评价结果共享推送机制，以统一社会信用代码为基础，将行政许可、行政处罚、环保信用评价结果、严重失信名单认定结果等环保信用信息推送至“信用长三角”平台，实现生态环境领域信用信息归集共享。

在统一严重失信名单认定标准方面，制定统一的长三角区域生态环境领域严重失信名单认定标准，定期向“信用长三角”平台推送严重失信企业名单，实现严重失信名单区域互认和一体化管理。2020年以来，三省一市在“信用长三角”平台共公布264家严重失信企业，为生态环境领域跨区域信用联合奖惩提供支撑。

在推动联合奖惩措施落地方面，三省一市依据“信用长三角”平台环保信用评价结果、严重失信名单认定结果等信息，通过行政审批、综合监管、金融服务、行业自律、市场合作等，推动跨区域守信联合激励和失信联合惩戒。

在建立联合奖惩典型案例发布机制方面，三省一市定期向“信用长三角”平台报送生态环境领域的跨区域、多领域联合奖惩案例，加强典型案例的宣传和曝光。2021 年底，三省一市首次联合发布生态环境领域 8 个信用奖惩典型案例。

多部门联合行动，为环保守信企业开通绿色金融通道

2021 年 9 月，温州某游乐设备公司因经营需求需租用标准厂房约 1000 平方米，但遇到了资金周转问题，遂向永嘉农商银行申请保证贷款 70 万元。考虑到该公司 2021 年环保信用评价等级为最高等级 A 级，永嘉农商银行落实企业环保信用差异化信贷政策，对环保信用评价等级为 A 级（优秀）的企业，贷款基准利率比环保信用评价等级为 B 级（良好）、C 级（中等）的企业利率分别低 0.61 个、1.21 个百分点。此外，银行还开通绿色通道，当即为该公司办理贷款 70 万元。

据了解，2020 年，浙江省生态环境厅会同中国银保监会浙江监管局、浙江省经济和信息化厅、浙江省住房和城乡建设厅印发《关于金融支持浙江经济绿色发展的实施意见》，明确环保信用评价结果在金融领域的应用要求，将环保信用评价结果推送至省金融综合服务平台，引导商业银行对环保信用评价等级为 A 级（优秀）和 B 级（良好）的企业开辟绿色通道、简化贷款手续、给予优惠利率，引导保险机构根据企业环保信用评价结果实行保险费率差异化定价。

部门内及时响应，让守信企业环保审批更快捷

湖州南方物流有限公司（以下简称“南方物流”）相关负责人说：“因为我们企业环保信用良好，很快就拿到了辐射安全许可证，项目也以最快的速度投入运行。”

在浙江，环保信用已实打实地给守信企业带来优惠。环保信用评价等级高的企业，可在各项生态环境保护许可事项、专项资金发放、科技项目立项、评优评奖活动中获得积极支持、优先安排。南方物流就是其中的受益者。2021 年，南方物流拟在煤山镇长兴水泥至小浦镇码头 5#输送机尾部使用矿用输送带钢绳芯 X 射线探伤装置，需申领辐射安全许可证。收到企业申报资料后，湖州市生态环境局的工作人员通过信用平台对企业进行了信用核查，平台显示该企业信用等级较高，可享受审批绿色通道服务。因此，湖州市生态环境局以最快的速度完成了受理和审查，原本承诺 8 个工作日办理的事项在 2 个工作日内完成，节省了 75%的审批时间。

（《综合规划与政策典型案例 | 环保信用评价③：跨区域跨部门信用监管 为企业绿色发展增添“信”动力》，https：//www. mee. gov. cn/ywgz/zcghtjdd/sthjzc/202210/t20221009_995753. shtml，最后访问日期：2023 年 10 月 7 日。收入本书时有修改）

专栏 4：以大数据优化环保信用评价流程，以奖惩激发绿色发展动力

“这次信用贷款真是帮了我们大忙，解了我们的燃眉之急。感谢市生态环境局和银行这次对我们贷款的支持，有了环保信用评价这些政策，我相信我们会越做越好”，福建省莆田市国投云顶湄洲湾电力有限公司（以下简称“国投湄洲湾电力”）负责人感慨地说。

国投湄洲湾电力年发电量 140 亿度，是海西地区的重要电源支撑点。2021 年，社会用电需求增大，燃料原料煤炭价格上涨，公司资金缺口不断增大，企业经营受到一定影响，为此该公司向银行申请资金贷款，以解决企业困局。

莆田市生态环境局了解到这一情况后，采取“四个一”强有力措施帮扶企业，第一时间组建环保信用评价团队与企业对接；第一时间向企业详细讲解莆田市环保信用评价的相关政策；第一时间辅导企业使用“福建省环境信用动态评价系统”，采用线上线下相结合的方式指导企业收集环保信用评价需要填报的指标资料，并准确上传评价系统；第一时间完成企业环保信用评价资料审核工作。

国投湄洲湾电力当年被评为“环保诚信企业”，因此获得 2 亿元银行贷款，极大缓解了企业资金短缺困难。这是福建省充分利用环保信用评价制度，帮扶诚信企业融资贷款、助推企业绿色发展的一个生动案例。

智能研判，引导企业事前守信

为解决过去环保信用评价程序环节多、评价历时长、结果更新慢等问题，福建省创新建立动态评价和应约评价制度。福建省生态环境厅等部门于 2018 年修订《福建省企业环境信用动态评价实施方案（试行）》，将年度评价指标整合修订为 23 项动态评价指标，建立常态化、自动化、动态化评价系统，对接生态云平台各业务系统，实现信用信息采集自动化，可实时开展环保信用评价系统初评，简化了评价程序。

依据评价方式将评价对象细分为三种：强制评价对象，即已核发国家排污许可证的企业和上市公司；应约评价对象，即金融机构拟授信企业；自愿评价对象，即主动参与环保信用评价的其他企业。2019 年以来，福建省共完成十批 17084 家次动态评价和七批 454 家次应约评价。持续释放环保信用评价在优化调整产业结构、促进污染减排方面的正面效应。

评价不是目的，福建省始终将帮助企业守法经营作为环保信用评价的落脚点。一方面，通过在线监控异常数据，强化研判和预警，提醒企业及时排除设施故障并消除环境影响。在企业出现违法违规苗头，特别是在排放浓度接近排放标准限值时，提醒企业及时开展排查，确保环保设施运行，避免超标排放。另一方面，在排污许可证执行报告提交、环境信息公开、危险废物管理计划备案、环境应急预案备案等日常法定责任未履行时，在线提醒企业尽快落实相关责任，避免影响其环保信用评分。

漳州市某纸业有限公司在收到污染物排放浓度日均值连续多日接近排放限值的预警提示后，及时排查并修复设施故障，避免了超标排放等违法行为的发生。

落实应用，引导企业守法经营

为扩大环保信用评价制度的影响力和引导力，福建省持续推进企业环保信用评价信息公开共享工作，将评价结果报送相关部门，实现部门间信息共享。同时，积极推动实施跨部门联合奖惩，持续释放信用激励和约束效应。

厦门如意食用菌生物高科技有限公司（以下简称“厦门如意公司”）2019 年被评为“环保诚信企业”，进入 2020 年厦门市生态环境局发布的第三批环保守信红名单，成为跨部门联合激励对象。当厦门如意公司因扩大生产经营急需向银行贷款时，光大银行厦门分行结合企业环保诚信记录及其被列为跨部门联合激励对象等情况，提高审批速度，简化放款手续，在 2021 年 3 月对其下达流动资金贷款 1000 万元，2021 年 8 月又为其发放银行承兑汇票 1000 万元，激发了企业的生产经营活力。

2021 年，福建省生态环境、发展改革、市场监管、税务、工信、农业农村、银保监等部门对 683 家环保诚信企业、54 家环保不良企业实施环保信用联合奖惩措施，并持续与兴业银行、中国建设银行等金融机构深度合作，探索开发环保信用相关信贷金融产品。2021 年，依托“金融服务云平台”，福建省为环保诚信企业提供信贷资金 13.1 亿元，进一步发挥了环保信用评价在优化环境监管机制、提高环境监管水平方面的基础性作用，激励企业自觉履行环保法定义务和社会责任，推动企业自觉守法，实现绿色领跑。

（《综合规划与政策典型案例 | 环保信用评价⑤：以大数据优化信用评价流程 以明奖惩激发绿色发展动力》，https://www.mee.gov.cn/ywgz/zcghtjdd/sthjzc/202210/t20221012_995988.shtml，最后访问日期：2023 年 10 月 7 日。收入本书时有修改）

（三）信用修复增强制度的包容性

近年来，信用越来越成为市场主体生存发展的硬通货，市场主体发生违法失信行为后，往往会产生改正不当行为、尽快修复信用的迫切意愿。信用修复机制鼓励发生失信行为的失信主体主动自省，依法履行社会诚信义务。《国务院办公厅关于进一步完善失信约束制度构建诚信建设长效机制的指导意见》（国办发〔2020〕49 号）提出“健全和完善信用修复机制”，并提出了较为具体的要求。环保信用修复是环保信用制度的重要组成部分，是引导生态环保领域违法违规企事业单位主动纠错自省、保障合法权益的重要途径。多数地方积极探索实践环保信用修复机制，对环保信用的修复条件、修复程序、修复方式等做出规定。

实践中，很多企业是在申请银行贷款时，被告知企业有行政处罚等不良信用记录，相应的环保信用评价等级偏低，银行无法通过其贷款申请。在这种情况下，信用修复为企业提供了消除不良影响、重塑良好信用的渠道。信用修复后，企业在参与招标投标、争取资金及税收优惠等过程中免于失信惩戒。

环保信用修复在实践中发挥了较好作用。一是促进企业积极主动纠正违法违规行为，消除生态环境不良影响。从实践上看，消除生态环境不良影响、做出环保信用承诺等是环保信用修复的前提条件。失信企业为了达到信用修复的目标，往往会积极按照环保信用修复的规定条件进行整改，在纠正环境违法行为的同时也获得了高质量发展的契机。二是帮助企业恢复正常信用状态和社会声誉，提高市场竞争力。环保信用评价结果的应用领域日趋广泛，企业环保信用评价等级直接影响其信贷额度、市场交易机会、能否享受政策优惠等，失信企业借助环保信用修复机制，恢复了正常的信用状态和社会声誉，也间接恢复甚至增加了其市场交易机会。三是健全新型生态环境监管机制，提高环境监管效率。环保信用修复为企业提供了自我纠错、改过自新的机会，能够向市场和社会释放包容性和正能量，有效激发市场主体守信意愿，有利于优化监管环境，进一步提升监管效率和水平。环保信用修复制度可以帮助失信主体自觉纠正错误价值观与行为模式，违法失信主体对违法失信行为进行整改后，重新回到守法诚信正轨，有利于增强生态环境法律制度与整个生态文明体系的包容度，增加绝大多数市场主体的安全感，提升全社会的文明程度。

专栏5：环保失信贷款难怎么办？福州市帮扶企业重塑环保信誉

企业环保失信会有什么影响？这对于一些企业而言还是新鲜事，但对于上海某物资利用有限公司罗源分公司（以下简称“罗源公司”）来说却有切身感受。

2020年2月，罗源公司计划采购一批新设备，于是按照程序向银行申请新增贷款。本以为会一切顺利，没想到却被银行拒绝了。经银行提醒，罗源公司负责人才知道公司被评为“环保不良企业”是会影响贷款的，于是主动与福建省福州市罗源生态环境局联系，进一步了解情况。

原来，该公司因在2019年违反了环保法律法规，环保信用评价等级由此前的“环保良好企业”被降为“环保不良企业”，这一评价结果同步共享到了“福建省公共信用信息平台”，于是金融机构按照相关程序启动联合惩戒措施，对企业实行了贷款限制。

面对亟待重塑环保信誉的企业，福州市罗源生态环境局向企业讲解政策、开展指导，帮助企业以最快速度进行整改。企业恢复环保信用评价等级后，不仅化解了断贷危机，而且更加明晰了绿色发展方向。

福州市罗源生态环境局在收到企业信用修复申请后，立即通过“福建省企业环境信用动态评价系统”核实罗源公司的环保信用评价等级情况，发现企业失信行为惩戒期限为 2020 年 3 月 13 日。通过进一步查询罗源公司上传的整改视频、照片和现场复核情况，福州市罗源生态环境局确认企业已完成整改。待惩戒期限满后，系统会自动将其环保信用评价等级恢复为“环保良好企业”。

核实情况之后，福州市罗源生态环境局的工作人员第一时间将相关情况通知企业，先给企业吃了一粒“定心丸”。随后，工作人员远程指导企业对照环保信用企业责任指标要求，在评价系统中进一步完善“清洁生产”“环境污染责任险”等内容，并上传佐证材料，督促企业主动落实环保主体责任，持续提升企业环保信用评价等级。

经过帮扶指导，罗源公司及时进行了整改，其完成环保信用修复的信息第一时间被推送到了“福建省公共信用信息平台”。银行随即解除了信贷限制，企业得以及时申请到贷款，没有耽误购置生产设备。

2020 年 3 月底，福州市罗源生态环境局收到了罗源公司负责人的电话："感谢你们的帮助，是信用修复机制让我们有了改正问题、及时修复环保信用的机会。公司董事会通过这次信贷受限的事件，深刻认识到企业环保信用的重要性。我们在后续经营的过程中会高度重视信用积累，珍惜企业信誉，坚持绿色发展。"

罗源公司因环保失信行为导致信贷受限这一事件，是福建省开展企业环保信用评价工作的一个案例。近年来，福建省坚持主动服务企业、帮扶企业复工复产，灵活应用环保信用动态评价、自动修复机制和生态云大数据，对完成整改的失信企业及时给予信用等级调整或由平台自动修复其环保信用，指导帮助企业解除环保信用惩戒，得到企业的一致好评。

2019 年以来，福建省共完成企业环保信用动态修复 1963 家次。截至 2021 年底，全省绿色信贷余额已达 4110 亿元，环保信用监管手段得到充分运用，绿色信贷优势得到充分发挥。一系列举措在促进企业转型升级、提升企业市场竞争力、助推福建省高质量发展方面起到了重要作用。

实践充分证明，企业守法诚信经营是不可逾越的底线，环保信用积累切实关乎企业发展。在完成环保信用修复后，企业还可以通过购买环境污染责任险、办理清洁生产手续、加强厂区地面防渗改造、规划建设雨污分流系统、开展环境风险评估等方式加强环境管理，奠定更加坚实的环保信用基础。企业不仅能够享受到更多的政策优惠，还能不断提升市场竞争力，实现绿色领跑。

(《综合规划与政策典型案例 | 环保信用评价④：环保失信贷款难怎么办？福建省福州市帮扶企业重塑环保信誉》，https：//www. mee. gov. cn/ywgz/zcghtjdd/sthjzc/202210/t20221011_995847. shtml，最后访问日期：2023 年 10 月 7 日。收入本书时有修改)

专栏 6：帮助企业修复环保信用，激发市场活力

在江西宜春，部分企业直到在市场准入、行政许可、融资、申请优惠政策等方面受到限制时，才意识到环保信用对自身发展的重要性。那么，环保失信企业该怎么办？丢掉的信用，用什么办法才能挣回来？

宜春市生态环境局相关人员表示："我们经过调研分析发现，大部分失信企业，对环保信用修复的有关政策了解不够，导致企业未能主动对失信行为进行纠正。还有一些企业，不知道如何进行环保信用修复，部分企业甚至不知道自己的一些环境违法违规行为已经构成环境失信。"

为了让企业失去的信用"可以重来"，切实保障企业权益，服务绿色发展，宜春市生态环境局积极主动了解企业信用修复需求，并给予耐心的指导和服务。

要修复企业环保信用，首先要知道哪些是失信企业，哪些失信企业符合修复条件。宜春市生态环境局组织各县（市、区）生态环境局，对近 3 年因环境问题受到行政处罚的企业进行梳理，并对企业环保失信情况进行分析。在深入了解企业环保信用修复需求后，对具备修复条件的，通过电话、微信、走访企业等方式，指导帮助其按照有关规定进行信用修复。对受到行政处罚的企业，在下达行政处罚决定书的同时，一并告知企业信用修复政策及修复流程，引导企业主动对失信行为进行纠正，从而及时修复其环保信用。

在宜春市各级生态环境部门的帮助下，华东诚通物流、江西通安汽车销售、江西拓泓新材料、万载新力纸业、万载森泰实业等企业及时修复环保信用，授权征信额度得到大幅度提高，并顺利获批贷款。江西奉兴化工的失信记录在投标前顺利消除，最终成功中标标的额为200余万元的稀土萃取剂采购项目。

正是因为生态环境部门的及时、快速行动，企业发展没有受到影响。而这样的案例，在宜春市还有许多。在统筹生态环境保护与疫情防控的大背景下，为了帮助更多的企业重塑环保信用，宜春市生态环境局从制度入手，优化环保信用修复程序，畅通环保信用修复渠道，印发《关于主动靠前指导帮扶企业开展环境信用修复的通知》《关于在全市生态环境系统实行环境信用修复“代办制”的通知》，推动企业从“要我守法”转变为“我要守法”。

对企业提出的环保信用修复申请，相关部门第一时间组织核实失信行为整改完成情况。若企业失信行为确实已经整改到位，便及时指导企业准备好相关材料，按照相关流程提交修复申请。为了让企业和群众少跑路，由之前的失信企业到现场提交环保信用修复材料并自行上传申请环保信用修复，转变为通过网络发送相关材料电子扫描件并提交至出具行政处罚决定书的生态环境部门，由其指定代办人员全程免费代办，为企业进行环保信用修复，实现了企业环保信用修复从“跑多次”向“跑零次”转变，极大节省了企业花费在路上的时间和成本。企业可以实时掌握环保信用修复进度。环保信用修复材料审核不合格而被退回的企业可以及时联系市信建办，了解审核不通过的原因，并在相关部门的协助下有针对性地补充材料再次提交申请。截至 2022 年 6 月，宜春市生态环境局共帮扶和引导 100 余家环境违法企业纠正环保失信行为，协助企业在信用信息平台上消除失信记录，为企业的长远健康发展扫除障碍，帮扶案例获第三届“新华信用杯”全国优秀信用案例奖。

除了以制度保障企业更快更好修复环保信用外，宜春市生态环境局还把功夫下在平时，通过加强宣传，培育全社会守信经营的良好氛围。

宜春市生态环境局充分利用“服务企业接待日”、“入企听诉、帮扶宣讲”、“六五环境日”、发放宣传单和信用修复指南等活动，累计向 800 余家企业宣传环保信用修复相关政策。同时，积极在《中国环境报》《江西日报》《信息日报》等媒体上刊发环保信用修复相关进展和典型案例，有关经验被多地的多家单位学习借鉴。

宜春市生态环境局的一系列措施，取得了积极的叠加效应。在充分的帮扶指导下，企业进一步认识到环保信用的重要性，更加主动进行信用修复，避免“临时抱佛脚”而造成损失。同时，企业守法诚信经营的意识得到了极大提高，有力推动了企业落实环境保护主体责任。

（《综合规划与政策典型案例 | 环保信用评价⑥：帮企修复信用激发市场活力》，https：//www.mee.gov.cn/ywgz/zcghtjdd/sthjzc/202210/t20221014_996313.shtml，最后访问日期：2023 年 10 月 7 日。收入本书时有修改）

专栏 7：信用修复帮助企业“纠错复活”

哈尔滨某企业负责人对黑龙江省哈尔滨市生态环境部门工作人员真诚地表达了感谢：“谢谢你们主动帮助指导我们企业修复环保信用，保障了我们企业的健康发展。今后，我们一定会遵守环境法律法规，争做诚信经营的表率，尽到企业的应有义务。”

为帮助失信企业纾困解忧，保障其合法权益，积极引导企业开展环保信用修复，帮助企业“纠错复活”，2022 年 4 月以来，黑龙江省生态环境厅组织开展生态环境领域行政处罚信用修复专项治理行动，探索推行信用修复“专项推进、主动服务、协力联动、加强宣传”机制，提升信用修复的“力度”“温度”“速度”“广度”，创新服务方式，引导环保失信企业主动纠正失信行为，消除不良影响，重塑良好信用，激发企业市场活力。

专项推进，信用修复有“力度”

为了切实解决企业不知修复、不会修复等难题，黑龙江省生态环境厅制定出台了《生态环境领域信用修复专项治理行动实施方案》，对信用修复的主体、有关政策和操作流程进行明确规定，从制度保障上强化信用修复工作，帮助企业懂政策、会流程，推动全省存量失信企业“应修尽修”，对新增失信企业“动态管理，及时修复”，最大限度服务企业、助力企业，保障企业切身权益。

主动服务，信用修复有“温度”

主动探索实行生态环境领域信用修复“处罚即告知”机制，即在送达行政处罚决定书时，同步向行政处罚相对人送达信用修复告知书，明确企业开展信用修复的相关条件和程序，保障失信企业信用权益。设立信用修复“绿色通道”，对涉及疫情防控、重要民生供给保障等失信企业实行“容缺受理”。积极为企业提供“贴心服务”，通过电话、微信、短信、走访等方式，主动了解企业生态环境情况，为企业释法答疑，引导企业主动履行法定义务，积极开展信用修复，助力企业提质发展。

协力联动，信用修复有“速度”

通过建立“建账、交账、对账、销账”工作协作机制，全面梳理生态环境领域失信企业名单，由牵头处室指导“建账”、市级生态环境部门进行“交账、对账”、执法部门督导“销账”，引导企业“纠错复活”，帮助企业“应修尽修”。强化责任意识，明确专人负责，切实让信用修复升级提速。自 2022 年 4 月以来，共帮助 200 家符合条件的失信企业及时修复信用，占待修复总量的 90.9%，切实推动企业从“要我修复”转变为“我要修复”。

加强宣传，信用修复有“广度”

主动梳理“信用中国（黑龙江）”网站、“信用黑龙江”微信公众号发布的信用修复指南，在信用修复告知书上写明修复的政策和流程，当好信用修复政策的“宣传员”“讲解员”，加大对政策的宣传和解读，提升市场主体知晓度。利用官方门户网站，积极宣传解读本系统、本行业信用修复政策文件，利用主流媒体宣传信用修复政策，报道信用修复进展，营造良好社会氛围。

（《综合规划与政策典型案例 | 环保信用评价⑦：信用修复帮企“纠错复活”》，https：//www.mee.gov.cn/ywgz/zcghtjdd/sthjzc/202210/t20221025_997662.shtml，最后访问日期：2023 年 10 月 7 日。收入本书时有修改）

（四）信用承诺，推动培育生态环保诚信文化

信用承诺有多种表现形式，第一种是事前阶段的“告知承诺”“容缺受理”等信用承诺制度，以市场主体的承诺为基础，环境监管部门适当放宽对其在环评审批等环节的审查和监管程序；第二种是环保信用修复阶段的信用承诺机制；第三种是市场主体主动开展的声明其具有守法守信意愿和能力的信用承诺。

在实践中，信用承诺一般具有承诺书格式化、承诺内容向社会公开等特点，具有一定的仪式感。信用承诺往往会鼓励市场主体承担超出法律规定的社会责任，既有利于促进市场主体诚信经营，也有利于在更大范围塑造守法诚信的社会氛围，有利于打造法治化营商环境。

专栏 8：构建环保企业诚信体系，促进环保行业提质增效

随着国家“放管服”改革的深入推进，大量社会资本被引入环境检测监测、污染修复等领域，社会化环境服务机构对生态环境保护事业发展起到越来越重要的作用。但同时，社会化环境服务机构服务水平不一，信用缺失、质量控制体系不完善，直接影响相关数据的真实性和准确性。

为推进环境服务业诚信体系建设，中国环境保护产业协会发布行业诚信指标体系，组织会员签署和履行信用承诺，发布行业自律公约和诚信倡议，对环保服务机构开展信用评价，引导服务单位提供更加优质的环境服务，间接提高了排污单位的污染治理水平，拓宽了企业融资渠道，提高了企业市场竞争力，为其在环境服务市场招投标中赢得更多商机。

对标信用评级指标，提升环保企业综合实力

2018 年，中国环境保护产业协会（以下简称“环保产业协会”）发布《环保企业信用评价管理办法（试行）》。同时，根据《企业信用评价指标体系（GB/T 23794-2015）》制定和发布了《环保企业信用评价指标体系（T/CAEPI 15-2018）》。该标准共分 4 级指标，其中一级指标包括守信意愿、守信能力、守信表现、失信表现，建立了企业环保信用评价的基础性指标框架。

2021 年 4 月，环保产业协会发布了《环保企业信用评价动态管理细则（试行）》，对参评企业加强信用行为管理，明确失信情形及等级、信用修复办法等要求。

评价指标对企业的经营能力、获利能力、偿债能力、履约情况、发展前景，以及企业内部控制、信用风险状况等方面提出了综合性要求，有助于企业不断提升生产经营管理能力，为排污企业提供更为优质的环境服务。

试行行业信用评价，为企业赢得更多市场商机

近年来，行业协会的信用评价结果在环保项目招投标、政府采购等工作中得到采信，行业领域涉及监测、污水处理、土壤修复、噪声治理等，地域范围覆盖了北京、广东、江苏、福建、安徽、湖南等省（市），为政府进行监督管理提供了有力支撑。

碧沃丰生物科技（广东）股份有限公司 2017 年首次获得中国环境保护产业协会颁发的信用等级评价 AAA 证书，并在 2021 年再次获得此证书。

企业负责人表示，环保信用评价有力推动了企业发展。企业在签订购销合同、参加招投标、申请资质、参加项目评审等经营活动中，拥有一份良好的环保信用评价等级报告，有利于增进企业之间相互信任、相互合作，从而赢得商机。比如，2020 年 2 月，河北省丰宁满族自治县大滩镇小北沟村生活污水处理试点项目的招标文件中明确提出，“有国家环保行业协会颁发的信用评价等级，信用评价等级 A 得 1 分，AA 及以上得 2.5 分”。由于企业的环保信用评价等级较高，所以顺利获得项目。

企业负责人还介绍，企业向商业银行申请贷款时，须经过第三方专业评级机构进行信用评估，中国环境保护产业协会的评级结果有助于企业获得金融机构的贷款支持，还能降低企业筹资成本。此外，环保信用评价结果还是企业的无形资产，能够提升企业形象，对竞标、融资产生重要影响，获取政府和合作对象的认可，进一步增强竞争力。

开展环保信用承诺，塑造守法诚信行业形象

“我是环境守法者，欢迎任何人、任何时候对我进行监督”。2019 年 12 月 13 日，“我是环境守法者”承诺活动在杭州举办，首批 13 家垃圾焚烧发电集团（企业）向社会发出承诺。

除了开展信用评价，环保产业协会还引导行业开展环保信用承诺，提升企业的守法意识。

2020 年 10 月 12 日，为坚决打击、共同抵制环评行业存在的粗制滥造和弄虚作假等行为，主动服务绿色发展和污染防治攻坚战大局，促进环评行业长期健康发展，环保产业协会环境影响评价行业分会联合成员单位提出环评机构“十条倡议”。同时，积极组织会员签署和履行信用承诺书，组织发布了环境监测行业、土壤及地下水污染修复行业自律公约，提升了行业的规范化水平。

（《综合规划与政策典型案例 | 环保信用评价⑧：构建环保企业诚信体系 促进环保行业提质增效》，https：//www. mee. gov. cn/ywgz/zcghtjdd/sthjzc/202210/t20221031_998449. shtml，最后访问日期：2023 年 10 月 7 日。收入本书时有修改）

（五）分级分类监管优化环境监管效能

从政府监管的角度，可以把信用理解为一种政府规制工具。信用监管在一定程度上有助于优化行政执法。行政主体在制定监管策略时，往往面临执法对象复杂与执法能力不足之间的紧张关系，而即便执法能力充足，亦面临监管效果与执法扰民、执法不公等问题之间的紧张关系。信用监管以企业既往表现的分类为基础对企业进行监管分类，能够增强行政决策和行政执行的预防性和有效性。

分级分类监管，在环保信用评价领域，一般是指生态环境部门在法定权限范围内根据环保信用评价等级实施不同类型的监管措施。对于环保信用好、生态环境风险低的企业，有关部门对其依法减少执法抽查频次、合理简化审批程序、优先安排补助资金、执行管控豁免等政策；对违法失信、生态环境风险较高的企业，有关部门对其依法实施较为严格的生态环境监管措施，比如增加执法检查频次、暂停各类生态环境专项资金补助等。分级分类监管在实践中运用较为广泛，比如河北省将企业划分为 A、B、C、D、E 五个信用级别，对不同级别的企业采取差异化分类监管措施，A 类企业在符合相关条件的情况下，可以享受纳入生态环境监督执法正面清单等激励性措施；对 B 类企业，合理降低检查频次，减少对企业生产经营的无谓干扰；对 C 类企业和 D 类企业，采取加强日常监管、开展提示性约谈和警示性约谈、督促企业完善内部环境管理制度等管理措施；对 E 类企业，及时将相关信用信息推送至信用信息共享平台和大数据应用平台，推动形成多部门联合监管合力。

专栏9：环保信用梯度分级助力守信企业绿色发展

“绿、蓝、黄、红、黑”，对于江苏省而言不是普通的五种颜色，而是区分企业环保信用评价等级的标识。环保信用评价等级较高的企业，可以享受到更低价格的信贷、水电等要素资源和更多的声誉资源。

自2013年《江苏省企业环保信用评价及信用管理暂行办法》发布以来，江苏省生态环境部门在开展企业环保信用评价的基础上，与信用、银保监、市场监管、电力、水务等部门或单位加强衔接，积极推动实施差别化绿色信贷、差别化水电价等政策，建立环保信用信息共享和联动奖惩机制，为推动守信企业绿色发展注入了内生动力。

实施差别化信贷政策，蓝绿企业获得资金支持

截至2021年底，江苏省内主要银行机构对全省参与环保信用评价的企业贷款余额1.99万亿元，较上年末增加8023亿元。其中，对绿色、蓝色等级企业贷款余额合计1.98万亿元，较上年末增加8007亿元。对红色、黑色等级企业采取督促整改、压缩退出、清收处置等措施，共涉及贷款余额37亿元，占比仅为0.19%。

不同环保信用评价等级企业能获得的贷款额相差为何如此悬殊？这是因为，江苏省生态环境厅配合国家金融监督管理总局江苏监管局落实《关于深入推进绿色金融服务生态环境高质量发展的实施意见》，对绿色、蓝色等级企业加大信贷支持力度，对红色、黑色等级企业执行暂停新增贷款政策。

执行差别价格政策，守信企业享受低价高质资源

2019 年，南京市一家船舶装件机器制造公司因废水总排口 COD 多次超标，受到环保行政处罚，公司的环保信用评价等级降为黑色。这一降，使得企业被额外征收差别化污水处理费 8 万元，被电力部门征收差别化电费约 50 万元。

自 2016 年起，江苏省南京市对全市环保信用评价等级为红色（较重失信）和黑色（严重失信）的企业实施差别化污水处理费征收政策，对环保信用评价等级为红色的企业加收 0.6 元/米^3，对环保信用评价等级为黑色的企业加收 1.0 元/米^3，提高了企业的违法失信成本。

为及时整改，这家企业实施了整改排水管线、新增废水预处理池，改造废水排口等一系列整改措施，于 2020 年 8 月将环保信用评价等级恢复为蓝色（一般守信）。在恢复为环保一般守信企业后，其水电价均按照基准价格执行，在申领高新技术补贴、稳岗就业补助等方面也都得到了正向激励。

江苏省生态环境厅还与省发展改革委紧密配合，出台《关于完善根据环保信用评价结果实行差别化价格政策的通知》，完成差别化电价优化调整，由历史用电追缴改为未来用电加价的方式，强化了环保信用评价结果在差别化价格政策中的引导作用。

强化环境奖优评先，领跑企业提信增誉

南京市光大环保能源有限公司、台积电（南京）有限公司、艾欧史密斯（中国）热水器有限公司等 36 家企业，被评选为环保示范性企事业单位。有关荣誉让企业在申请环保引导资金、供应链创新与应用试点、放心消费创建先进示范单位等资金、荣誉中获得了更多实实在在的便利。

2020年，南京市生态环境局出台了《南京市环保示范性企事业单位评定办法（暂行）》，明确环保示范性企事业单位要达到"无环境违法失信行为""完成上一年度减排任务""上一年度主要污染物排放在线监测达标率100%"等环保守信的硬性指标，且需要经过企业申报、多级生态环境部门审核和重大事项集体审议等程序。

南京市生态环境局有关负责人表示："加强对环境诚信企业的选拔和正向激励，可以提高企事业单位参与环保信用体系建设的积极性，充分发挥环保'领跑者'的标杆作用。"

（《综合规划与政策典型案例 | 环保信用评价①：环保信用梯度分级助力守信企业绿色发展》，https://www.mee.gov.cn/ywgz/zcghtjdd/sthjzc/202210/t20221008_995662.shtml，最后访问日期：2023年10月7日。收入本书时有修改）

专栏10：环保信用引来绿色信贷，纾解建筑企业融资难题

施工噪声、扬尘等建筑领域的环境污染问题一直是公众投诉的热点、焦点之一。如何化被动为主动，引导企业提前预防、自觉整改？

建筑施工企业的资金投入与资金回收存在较长的周期，这就要求有灵活的财政政策支持和充足的企业资金储备。在建筑业作为传统支柱产业的江苏，针对建筑行业这一特点，有关部门运用环保信用手段，利用融资杠杆，充分调动了建筑企业的治污积极性。

信用惩戒，让企业感到切肤之痛

2021 年 3 月，江苏某建筑公司 A 区工程项目未经审批在夜间施工，被南京市生态环境局实施了两次行政处罚。同年 4 月，该公司 B 区另一工程项目同样因未经审批在夜间施工被群众投诉，被再次实施行政处罚。根据《江苏省企事业环保信用评价办法》，该公司的环保信用评价等级被评定为红色，属于环保失信企业，评价结果被江苏省生态环境厅推送至江苏省银保监局等部门和省公共信用信息平台。随后，金融机构根据环保信用评价等级对该公司实施了差别化信贷政策，该公司因为环保失信受到贷款限制。

该公司不但被南京市生态环境局列为重点监察对象，还同时被多家银行催缴和限制贷款，且在行政处罚公示期内，不能参加政府采购、工程招投标，面临资金链断裂的风险，经营压力巨大。信用惩戒像一把利剑让企业感受到切肤之痛。

痛则思变，该公司主动和南京市生态环境局沟通，积极申请信用修复，及时反馈整改情况。公司组织全体员工专题学习环保法律法规，全方位强化员工在施工过程中的守法行为和诚信意识教育。在各个施工现场对照各项生态环保标准，加强施工现场监控管理。严格落实夜间施工审批手续，不敢再触碰法律红线。

截至 2021 年 10 月，公司未再出现环境违法行为，行政处罚公示期满后，环保信用得到恢复，总额近 10 亿元的贷款受限额度得到恢复，资金链风险得到解决，企业经营重新走上正轨。

化零为整，改变“分散式”违法的现状

2019 年，南通市多家特级资质建筑企业发现，其在银行授信上亮起了红灯，被银行断贷。

企业为何会被如此惩戒？原来，其外地施工项目存在环境问题受到行政处罚，环保信用降级，企业融资受阻，在企业环保信用评级恢复之前，银行机构暂停向其新增贷款。

众所周知，建筑施工企业工程项目分布点多、面广、线长，分支机构遍布省内外，人员流动性强，如果仅仅针对子工程进行惩戒，往往收效甚微。

为此，2019 年，江苏省生态环境厅联合省发展改革委、省市场监管局出台《江苏省企事业环保信用评价办法》，依托全省统一的环保信用管理系统，对排污企事业单位实施动态信用评价，实现了环保信用评价的全省统一标准、信息统一归集。这一做法在全省范围内推进了环保信用评价从“各自为政”向“协同发力”的转变，各地市针对同一评价对象的环保信用评价结果最终会累计计算，彻底改变了以往集团公司、总公司以下的分公司在不同地区“分散式”违法的现状。

设置缓冲期，引导企业及时整改

信用惩戒不是目标，通过信用惩戒措施督促企业整改违法失信行为、提高环保诚信水平和能力才是根本目的。

为了引导企业积极整改环境问题，修复环保信用，南通市生态环境局与银保监局完善绿色信贷政策。对于原本环保信用评价情况一直良好，但由于偶发因素被扣分处罚而导致环保信用评价等级下降的企业，如企业整改态度积极，整改措施有效，且相关处罚对企业正常经营无重大负面影响的，有关部门给予企业一定宽限期（一般不超过6个月），暂缓实施差别化授信政策。

生态环境部门与银保监等相关部门建立了联合监管机制，确保企业在宽限期内依法经营。

生态环境部门加强对企业环境保护管理的指导，加大环保政策执行监测力度，定期开展现场执法检查工作，住建部门加强对企业的日常施工管理，督促企业不断提升施工区域的环保管理责任意识。如果企业在宽限期内发生环保处罚事件，则相关部门立即开始执行差别化授信政策。宽限期的设置有效促进了企业根据相关警示信息自觉纠正错误价值观与行为模式，为轻微失信企业打造了缓冲地带。

对于已经因环保信用评价降级受到惩戒的企业，南通市生态环境局督促、指导、帮助企业整改环境问题，积极协调对接银保监等部门解决其融资困难。一方面强化普法宣传，持续加大建筑行业环境监管力度，帮助企业增强环保意识，督促其采取有力措施，加强对市外分支机构、挂靠单位的管理，切实解决好夜间施工噪声、扬尘等问题，最大限度地减少企业的环境违法行为，提升企业环保信用评价等级；另一方面落实帮扶机制，在评估建筑企业环保违法行为整改效果的基础上，帮助企业化解因环保问题导致的授信风险。目前多家企业已摘除环保失信的帽子，落实企业授信融资 200 亿元。

（《综合规划与政策典型案例 | 环保信用评价②：环保信用引来绿色信贷 纾解建筑企业融资难题》，https：//www. mee. gov. cn/ywgz/zcghtjdd/sthjzc/202210/t20221008_ 995663. shtml，最后访问日期：2023 年 10 月 7 日。收入本书时有修改）

六　环保信用评价的相关国际经验

环保信用制度以环保信用评价为核心，环保信用评价是在世界银行支持我国部分省、市开展企业环境信息公开、企业环境行为评价试点工作的基础上进一步完善并发展起来的。本部分梳理环保信用制度的相关国际经验，主要关注对企业进行环境行为评级方面的国际经验，包括世界银行在印度尼西亚开展的环境信用评级项目；国际金融投资领域的企业环境信用评级，比如 ESG（环境、社会和公司治理）责任投资以及银行业赤道原则（Equator Principles）中专门针对企业环境信用开展评价的内容。这些国际经验可以为我国环保信用制度未来的改革和发展提供参考、借鉴。

（一）印度尼西亚的环境信用评级

世界银行援助印度尼西亚、菲律宾、乌克兰、加纳等多个发展中国家实施企业环境行为评级与公开制度，实施较早且成效较好的是印度尼西亚的工业污染控制、评价和分级项目（Program for Pollution Control, Evaluation and Rating，PROPER）。PROPER 项目是于 1995 年发起的一项计划，根据企业的环境行为（包括企业环境信息公开）为企业分级，旨在鼓励公开企业所达到的环保成效。①

PROPER 项目是一次创新性尝试，是国家层面的一项公共环境保护倡议，旨在推动企业遵守污染控制法规，促进企业采用清洁技术，缓解污染问题，确保建立一个更好的环境管理体系。PROPER 项目并不是替代原有的环境管理政策，而是与之前的监测执法活动、清洁城市项目和废水管理项目相结合。项目最初的关注对象是参与废水管理项目的企业，之后范围扩展至空气污染和其他有毒污染物排放等领域。参与评级的行业由制造业扩展至采矿业和油气行业等。PROPER 项目具有如下特点。

一是由环境部门开展信用评级。PROPER 项目由印度尼西亚环境影响管理局负责实施，采用评级和公开的方法激励企业改善其环境绩效。自 2012 年开始，PROPER 项目的监管责任转移到地方政府，环境部门的 PROPER 团队帮助培训现场检查员。

二是评价内容包括守法违法情况、环境治理情况在内的综合情况。项目从 1995 年开始实施，最初采用五种颜色（黑色、红色、蓝色、绿色

---

① 《春金集团成为棕榈油行业的领跑者，荣膺印尼最大的可持续发展与环境奖项：2021 年 PROPER 奖》，https：//www. musimmas. com/musim-mas-leads-in-palm-oil-sector-at-the-largest-sustainability-environmental-awards-in-indonesia-proper-awards-2021/？lang=zh-hans，最后访问日期：2023 年 10 月 7 日。

和金色）代表企业的环境信用评级；2007 年增加了蓝色（-）和红色（-），改为七色七级；2009 年又调整为五色五级；2018 年建立了全生命周期的评价体系，并将可持续发展目标纳入评价体系，由定量评价和定性评价共同组成综合评价标准。PROPER 项目采用了定量和定性相结合的评价标准，每种颜色级别都有定量数据和截断点（cut-off point）。对于金色和绿色评级有单独的非监管（non-regulatory）指标和标准。蓝色、红色和黑色评级的截断点是基于月度定量监测数据而确定的。除了定量评价，现场审计可以为评级提供定性评价支持。定性评价由一系列检查问题清单组成，由现场检查员通过现场检查给出“是/否”的评价。

三是评价结果对社会公开。项目采取两步公开的方式，在正式公开之前给企业 6 个月的时间对评级结果进行反馈和整改。反馈期结束后，环境部门再通过正式的发布会形式向公众公开评级结果，保证信息公开，激励企业改善环境绩效。

在 PROPER 项目中，信息公开对控制污染的效果非常关键。企业常常会在 6 个月的反馈和整改周期内，积极整改问题，改善环境绩效，以提高环境信用评级。反馈和整改期结束后，环境部门再通过正式的发布会向公众公开评级结果。两步公开的方式保证了公平的信息共享，同时可以对企业产生必要的激励，促进其改善环境绩效。

（二）金融投资领域的企业环境信用评级

环境信用与企业生产经营效益密切相关，随着我国经济社会的不断发展，更多地运用市场机制、根据市场需求充分反映企业的环境信用状况是信用评价制度发展的必然方向。在此意义上，国外金融机构早就开始探索如何在金融市场中有效利用企业环境绩效信息，其中最主要的应用有赤道原则和 ESG（环境、社会和公司治理）责任投资。

赤道原则是跨国金融机构在为发展中国家建设项目融资时，用来确定、评估和管理环境与社会风险的一套原则，是参照国际金融公司（IFC）可持续发展政策与行业指南所建立的一套自愿性金融行业准则。20 世纪 90 年代后期，荷兰银行的负责人向 IFC 提出了在涉及环境与社会风险的借贷决定过程中并没有一项既定的指导性原则的问题，随后两家机构在 2002 年邀请包括巴克莱银行、花旗银行、西德意志银行在内的 9 家商业银行共同商定，在 IFC 的社会、环保、投资政策基础上创建一套项目融资中的环境与社会风险指南，这个指南是后来的赤道原则形成的基础。2003 年，包括 4 家发起银行在内的 10 家国际银行在位于华盛顿的 IFC 总部正式宣布接受赤道原则。[①] 根据赤道原则，对于位于非经合组织国家或非高收入的经合组织国家的项目，环境与社会评估标准要参考 IFC 的 8 项绩效标准和特定行业的《环境、健康与安全指南》。接受赤道原则的金融机构要按照环境与社会风险状况对适用范围内的项目进行分类，根据项目可能造成负面影响程度的严重性与可修复性，分为 A、B、C 三类。结合项目分类，金融机构应评估和审查项目的环境与社会风险，建立行动计划，签订承诺性条款，必要时应根据项目分类情况聘请独立外部专家审查项目的环境与社会评估报告、行动计划以及记录等文件，对项目建设和运营实施持续监管，并定期公布接受赤道原则的金融机构在企业环境信用评级方面的实施过程和经验。2020 年，赤道原则的第四版

---

① 《赤道原则的生成路径——国际金融软法产生的一种典型形式》，https：//economiclaw. whu. edu. cn/info/1012/3914. htm，最后访问日期：2023 年 10 月 7 日。

正式实施，跨国投资的国际金融机构的融资门槛从第一版的 5000 万美元降至 1000 万美元，赤道原则的适用范围从原来的项目融资扩大到了项目融资、项目融资咨询服务、与公司项目相关的贷款以及过桥贷款等方面，评估范围从原来只做环境评估扩大到环境与社会评估。同时，赤道原则对信息公布的要求日益提高，对气候变化的关注持续增加，赤道原则的第四版重点关注社会影响、人权、气候变化和生物多样性等问题。经过多年发展，赤道原则已逐步成为国际社会管理项目融资环境与社会风险的新标准，也是目前国际社会绿色信贷的主要参考规则。赤道原则的十大原则见表 6-1。

表 6-1　赤道原则的十大原则

原则 1	审查和分类
原则 2	环境与社会评估
原则 3	适用的环境与社会标准
原则 4	环境与社会管理系统及赤道原则行动计划
原则 5	利益相关方参与
原则 6	投诉机制
原则 7	独立审查
原则 8	承诺性条款
原则 9	独立监测和报告
原则 10	报告和透明度

资料来源：根据以下内容归纳整理。《绿色信贷（一）——赤道原则》，https://pkulaw.com/lawfirmarticles/91c8e7567c423eef63137b8e8f8da9a7bdfb.html，最后访问日期：2023 年 10 月 7 日。

ESG 责任投资，通过环境、社会和公司治理这三个维度来衡量公司的经营和投资活动对环境、社会的影响，以及公司治理体系是否完善等。具体来说，金融机构对企业环境绩效信息和社会绩效信息等进行收集，并根据各自对 ESG 的理解来设计评价方法，对企业的 ESG 表现进行评级，再以此为基础开发构建 ESG 股票指数等金融产品，供关注企业环境与社会责任的投资者和投资机构进行投资。2006 年，联合国责任投资倡议组织（UN-PRI）提出 ESG 框架。此后，国际组织和投资机构将 ESG 概念不断深化，针对 ESG 的三个方面设计了全面、系统的信息公布标准和绩效评估方法，形成了一套完整的 ESG 评价体系。目前国外较为成熟的 ESG 评价体系大多来自评级机构，比如明晟（MSCI）、彭博（Bloomberg）、汤森路透（Thomson Reuters）、富时罗素（FTSE Russell）、道琼斯（DJI）及碳信息披露项目（CDP）等。这些机构各自提出具有一定代表性的 ESG 定义。ESG 指标体系存在一定的差异，指标体系的构建和评价方法不尽相同。其中 MSCI 提出了较为全面的 ESG 评级体系，该评级体系关注企业在环境、社会和治理 3 个方面合计 10 项主题下的 33 项 ESG 关键议题（见表 6-2）。企业的最终分值将转化为最高 AAA 到最低 CCC 的 ESG 评级结果。评级结果被投资者当作综合评判公司风险管控能力的最佳指标之一。

表 6-2　MSCI 提出的 ESG 评级体系

3 个方面	10 个主题	33 个 ESG 关键议题
环境	气候变化	碳排放
		气候变化脆弱性
		影响环境的融资
		产品碳足迹

续表

3个方面	10个主题	33个ESG关键议题
环境	自然资本	生物多样性和土地利用
		原材料采购
		水资源短缺
	污染和废弃物	电子废弃物
		包装材料和废弃物
		有毒排放和废弃物
	环境机遇	清洁技术机遇
		绿色建筑机遇
		可再生能源机遇
社会	人力资本	健康与安全
		人力资本开发
		劳工管理
		供应链劳工标准
	产品责任	化学安全性
		消费者金融保护
		隐私与数据安全
		产品安全与质量
		负责任投资
	利益相关者异议	社区关系
		争议性采购
	社会机遇	融资可得性
		医疗保健服务可得性
		营养和健康领域的机会
公司治理	企业治理	董事会
		薪酬
		所有权和控制权
		会计
	企业行为	商业道德
		税务透明

资料来源：作者根据网络内容归纳整理。

金融机构根据环境绩效信息和环境信用评级结果决定对企业的具体投资方案，或依据诸如 ESG 评级结果及衍生投资产品等开发绿色金融产品。这是金融机构管理项目融资环境与社会风险的工具，也是目前国际上绿色信贷的主要参考规则。

（三）环保信用评价国际经验的特点

发达国家与发展中国家的环保信用评价制度有较大差异。在发达国家，信用评价主体以市场化服务机构或金融机构为主，其评价结果不对社会公开。在印度尼西亚等发展中国家，评价主体为政府的环境部门，评价结果对社会公开。在评价方法上，无论是发展中国家还是发达国家，都是对企业的环境影响、污染治理能力和水平、守法违法情况等开展综合性评价。

从印度尼西亚 PROPER 项目的实施经验来看，有效的政治管理保证了该项目实施所需要的可靠的信息。此外，项目实施机构的领导以及外部利益相关者也为项目的顺利实施提供了大力支持。同时，技术方法有效、数据分析可靠和定期公布结果也是项目成功实施的关键要素。相对于复杂的监测指标而言，简单的评级结果使得公众更易于理解和区分不同企业的环境绩效。通过颜色给出可视化的评级结果并进行公开，一方面可以帮助企业了解自身存在的环境问题，另一方面对企业形成守法压力，促进企业采用清洁技术。PROPER 项目显著改善了企业的环境绩效，企业的守法情况显著改善、污染物排放量显著降低。

从国际经验看，其环保信用评价具有以下特点。

一是评价内容聚焦企业环境管理能力。ESG 责任投资通过环境、社会、公司治理三个维度来衡量企业经营投资活动对环境和社会的影响。环境方面重点评估企业在温室气体排放、废物污染及管理、能源使用和消费、自然资源使用和管理、生物多样性保护、环境合规等方面的情况。赤道原则是跨国金融机构在为发展中国家建设项目融资时，用来确定、评估和管理环境与社会风险的一套原则，主要对企业环境和社会表现进行评估。

二是评价主体为社会化服务机构或金融机构。ESG 的评价主体主要为明晟、彭博、汤森路透、富时罗素以及道琼斯等机构。赤道原则的评价主体主要为金融机构。赤道原则官网显示，截至 2023 年 12 月底，已有 39 个国家的 140 个金融机构宣布接受赤道原则。[①]

三是结果应用主要集中在金融投资领域。上述信用评价的结果，主要由证券投资者、银行以及保险机构运用到投资、贷款、保险业务中，直接影响企业或项目的贷款利率、保险费率等。

采用社会化的评级机构开展市场化的信用评级，可以最大限度发挥市场对评级机构能力提升的促进作用，推动评级机构挖掘和获得更为丰富、完整的环境信用信息，其结果应用也更具有针对性和公信力。

---

① MEMBERS & REPORTING，https：//equator-principles. com/members-reporting/，最后访问日期：2023 年 12 月 27 日。

七　建议：加快构建环保信用监管体系

习近平总书记在2023年全国生态环境保护大会上强调，加快构建环保信用监管体系。本部分着眼于作为一种监管机制的环保信用制度，解析以信用为基础的新型监管机制的内涵，并比较其他领域开展信用监管的经验，总结环保信用监管的内涵，分析环保信用监管体系的基本构成要素，基于对现行环保信用制度的地方实践经验的总结，提出我国环保信用监管体系的实施路径。

（一）信用监管内涵解析

从社会信用体系建设角度看，信用监管是中国创新的一个概念，[①]

① 王伟：《信用监管的制度逻辑与运行机理——以国家治理现代化为视角》，《科学社会主义》2021年第1期，第152~161页。

学者对信用监管的界定多是从目前社会信用体系建设中各部门开展信用监管的实践层面进行总结。比如，信用监管是行政机关或法律法规授权的具有公共管理职能的组织对相对人的公共信用信息进行记录、归集、使用，并按照一定指标体系开展评价、评级、分类，进而分别采取激励或惩戒等措施，实现政府规制目的的行为。[①] 信用监管，是指监管机关对市场主体的信用信息进行收集、评价，并在此基础上采取分类监管措施或给予相应奖励、惩戒，以促进监管目的实现的监管方式。[②] 信用监管工具旨在以可量化、可评价、可分类的信用信息为基础，将有限的监管与执法资源集中在风险较大或信用记录不良的企业或个人身上，以超越传统监管手段相对封闭的衔接结构，提升政府监管能力和社会治理水平。[③]

在政策层面，《关于加快推进社会信用体系建设构建以信用为基础的新型监管机制的指导意见》（国办发〔2019〕35 号）对以信用为基础的新型监管机制提出了较为具体的政策要求，主要包括事前信用监管、事中信用监管和事后信用监管，其中，在信用监管的每个环节，又包含了若干相应的政策措施（见图 7-1）。

综合党中央、国务院关于以信用为基础的新型监管机制的政策要求，以及近年来各部委开展信用监管的探索和实践，以信用为基础的新型监管机制的主要内容包括以下方面。

---

① 袁文瀚：《信用监管的行政法解读》，《行政法学研究》2019 年第 1 期。

② 孔祥稳：《作为新型监管机制的信用监管：效能提升与合法性控制》，《中共中央党校（国家行政学院）学报》2022 年第 1 期。

③ 王锡锌、黄智杰：《论失信约束制度的法治约束》，《中国法律评论》2021 年第 1 期。

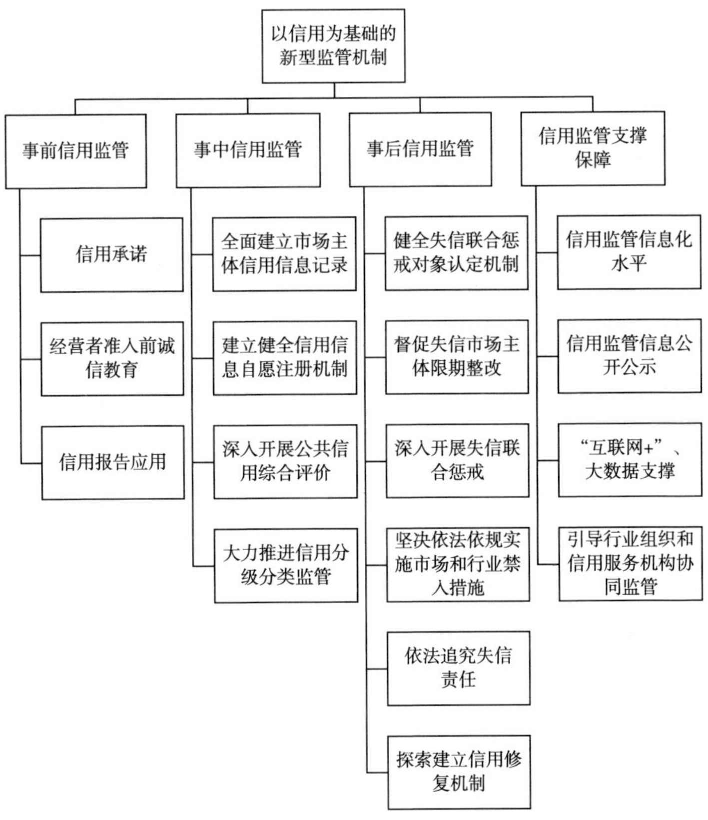

图 7-1　新型信用监管机制的主要内容

第一，信用监管是贯穿事前、事中、事后监管环节的全过程监管。信用监管强调依托信用信息对市场主体的违法风险进行判断，并以针对性的监管安排防范、控制风险。在事前阶段，开展承诺告知等信用承诺，以市场主体的承诺为基础，监管部门适当放松对其在准入和生产等环节所需资格和条件的审查和监管，激发市场主体的自我约束动力。在事中阶段，开展信用信息记录与分类管理、综合性的信用评价、分级分类监管，促使市场主体优化内部监管体系，实现有效自我监管。在事后阶段，进行联合惩戒，通过影响监管对象的成本与收益，激励监管对象履行社会责任，实现监管目标。信用监管的全流程高度符合事前、事中、事后监管与“放管服”改革的要求。

第二，信用监管是根据市场主体的信用情况进行的分级分类的差异化监管。行政机关根据收集到的信用信息对市场主体进行信用状况的分类，刻画出信用主体的信用图像。刻画信用图像有三种方式，一是信用信息的确认与公开，对不同类型的信用信息设置公开期限，向社会公开信用主体的许可信息、行政处罚信息等；二是开展综合信用评价，按照一定的指标体系对信用主体的信用信息进行分类、评级，最终以简明的符号对其信用等级进行表征；三是红黑名单的确认，列举违法失信行为或守法诚信行为类型，并以名单形式确认后向社会公开。之后，根据市场主体的信用情况进行差异化监管。差异化监管措施主要包括设置不良信用信息的公示期限、资格限制、不适用告知承诺等优惠政策、不授予荣誉称号、增加执法检查频次、定向抽查与专项检查、行政约谈、以行政指导方式建议市场金融机构采取相应限制措施等方式。分级分类监管有利于实现执法资源的优化配置，实现精细化监管，大幅度提高监管效能。

第三，信用监管是以跨部门惩戒为后盾的合力监管。信用监管的跨部门联合惩戒措施在监管效果上具有延展性。与传统的行政制裁手段相比，其在作用时间和范围上都呈现扩展态势，对信用主体所产生的影响并非在实施措施时就完全确定和实现，而是会向未来充分延伸，并在不同的行政监管领域延伸，从而形成一种合力监管。这会对信用主体未来一段时间内的权益、机会、资格产生影响。尤其是在互联网条件下，经社交媒体的放大和聚合，公开此类信息会对信用主体产生重大影响。

（二）环保信用监管的体系化构建

1. 政策引领和法律保障不断强化

2013 年以来，环境保护部会同国家发展改革委等部门先后印发《企业环境信用评价办法（试行）》《关于加强企业环境信用体系建设的指导意见》，对排污类企业环保信用信息收集、等级评定、结果公开与应用等进行规范。2016 年，环境保护部、国家发展改革委会同有关部门印发了《关于对环境保护领域失信生产经营单位及其有关人员开展联合惩戒的合作备忘录》，建立了环保守信激励、失信惩戒机制。《关于深化环境监测改革提高环境监测数据质量的意见》和《关于加快推进社会信用体系建设构建以信用为基础的新型监管机制的指导意见》，都明确支持开展生态环境领域的信用监管。2021 年，国家发展改革委、中国人民银行会同其他有关部门编制印发《全国失信惩戒措施基础清单（2021 年版）》和《全国失信惩戒措施基础清单（2022 年版）》，规定了包括限制市场或行业准入、限制申请财政性资金项目、纳入市场化征信或评级报告等失信惩戒措施。《中华人民共和国环境保护法》《中华人民共和国固体废物污染环境防治法》《建设项目环境保护管理条例》《中华人民共和国土壤污染防治法》《中华人民共和国环境影响评价法》《排污许可管理条例》等的出台或修订，明确了将生态环境违法情形纳入信用管理的法律依据。2023 年 10 月 24 日修订的《中华人民共和国海洋环境保护法》第三十二条规定，国务院生态环境主管部门会同有关部门和机构建立向海洋排放污染物、从事废弃物海洋倾倒、从事海洋生态环境治理和服务的企业事业单位和其他生产经营者信用记录与评价应用制度，将相关信用记录纳入全国公共信用信息共享平台。这是环保信用监管工作在立法上取得的较大突破，将信用记录与评价应用制度写入了法律。

2. 排污单位环保信用评价与第三方环保服务机构信用评价共同推进

近年来，在生态环保监管需求与社会信用体系建设的不断推动下，环保信用评价快速发展，参评单位涵盖了排放污染物的企事业单位、第三方环保服务机构、产业园区等，环保信用评价与社会经济发展深度融合、联动，在实践中已经成为优化资源配置的有效政策工具，是良好营商环境的重要组成部分，对促进国民经济循环高效畅通发挥了不可替代的作用，环保信用评价制度取得了积极成效。

在第三方环保服务领域，信用监管逐渐深入。第三方环保服务机构介于政府和企业之间，为排污企业提供环境技术咨询服务。近年来，在环评文件编制、环境监测、环境污染治理、环保运维、环保验收、环保治理、碳排放核查与技术服务等诸多领域，环保服务机构为政府和企业提供环境技术咨询与服务的空间越来越广阔，发挥了愈加重要的作用，但也存在服务质量参差不齐，政府监管与行业自律机制不健全、不完善等问题。对环保服务机构开展信用监管有利于推动其保持更高水平的行业自律、提高服务质量，助力企业深入打好污染防治攻坚战，助力推进“双碳”进程。在环境影响评价领域，生态环境部于 2019 年印发《建设项目环境影响报告书（表）编制监督管理办法》《建设项目环境影响报告书（表）编制单位和编制人员失信行为记分办法（试行）》，形成了以环评质量为核心、以信息公开为手段、以信用评价为主线的环评文件质量监管制度体系。在土壤污染防治领域，生态环境部于 2021 年印发《建设用地土壤污染风险管控和修复从业单位和个人执业情况信用记录管理办法（试行）》，对土壤污染风险管控和修复的从业单位及个人开展信用记录管理。在环境监测领域，中国环境监测总站于 2021 年印发《国家生态环境监测网运维单位服务质量星级评价办法》，对参加国家生态环境监测网运维的单位和企业开展信用评价。此外，中国环保产业协会自 2016 年以来印发多个针对环保企业开展信用等级评价和动态管理的标准与规范，引导环保企业遵守生态环境法律法规、诚实守信开展经营活动。

3. 环保信用监管的优势日益凸显

经过多年的探索和实践，环保信用监管体系逐渐形成。环保信用监管体系是指以环保信用信息公开和共享为核心，以企业环保信用评价和第三方环保服务机构信用管理为支柱，覆盖生态环境监管、绿色金融、税收等多应用场景的制度和工作体系。

首先，环保信用监管是深入打好污染防治攻坚战的必然要求。党的十九大明确提出坚决打好污染防治攻坚战，2018 年党中央、国务院做出相关决策部署，并圆满完成了阶段性目标任务。党的十九届五中全会明确提出深入打好污染防治攻坚战，中共中央、国务院印发实施《关于深入打好污染防治攻坚战的意见》。污染防治攻坚战，从“十三五”时期的“坚决打好”到“十四五”时期的“深入打好”，必然要综合运用法律、经济、行政等政策工具。环保信用监管是复合型的政策手段，综合运用环保信用评价、环境信用信息刻画信用主体的环保信用画像，再根据环保信用画像实施差异化监管。环保信用监管中的差异化监管措施体现了鲜明的问题导向和效果导向。[①] 作为一种新型监管机制，环保信用监管强调依托环保信用评价或者环境信用信息对违法风险进行判断，并以针对性的监管安排防范、控制风险，强化法律实施，促进生态环境监管效能提升。环保信用监管机制强调的是全生命周期监管，不仅包括事前阶段，即在失信行为发生之前的事前阶段主要通过信用查询、信用承诺、诚信教育和信用报告等措施帮助行为人减少失信行为，还包括事中、事后阶段的信用监管。环保信用监管的差异化监管机制、全过程监管机制为深入打好污染防治攻坚战提供了更加精细化、更高效能的支撑。

其次，环保信用监管是提升生态环境治理现代化水平的重要标志。国家治理现代化的内在逻辑表明，构建社会成员之间、国家与社会之间的信任关系乃是治理现代化合法性的重要基石，构成了国家治理理论的经验基础。[②] 信用监管与“放管服”改革背景和制度初衷契合，具有内在的制度正当性。从监管手段看，环保信用监管所独具的过程监管、精准监管、整合监管等理念，在提高生态环境执法精准度、降低生态环境执法成本、强化生态环境执法威慑力等多方面存在制度优势，有助于监管资源优化配置和监管效能提升，在推动政府职能转变以及监管方式优

---

① 参见章志远《监管新政与行政法学的理论回应》，《东方法学》2020 年第 5 期。

② 参见王伟《信用监管的制度逻辑与运行机理——以国家治理现代化为视角》，《科学社会主义》2021 年第 1 期。

化等方面成效突出，是优化治理格局、推动治理现代化的重要制度创新，[①] 是生态环境治理现代化的重要标志。

最后，环保信用监管是促进形成新发展格局的有力抓手。环保信用监管，重在以用促建。目前，环保信用监管在很多领域得到创新和发展，各地都在创新建设具有地方特色的环保信用监管体系，依法依规运用信用约束与激励手段，构建政府、社会共同参与的跨部门、跨领域的新型信用监管体系。对环保领域的违法失信主体，由有关部门实施限制市场准入、限制行政许可或融资行为、停止优惠政策、限制考核表彰等惩戒措施。环保信用评价等级较高、环境风险低的企业会获得更多的市场机会、行政奖励、稀缺行政资源等，其经营成本降低，在市场竞争中获得更大优势。近年来，各地充分运用环保信用监管手段推动生态环境保护与经济社会发展深度融合，环保信用监管在调整产业结构、推动经济社会高质量发展方面发挥了积极作用。

（三）加快构建环保信用监管体系的政策建议

建议优化调整环保信用监管机制，健全以信用为基础的新型监管机制。

一是加快推进环保信用制度建设。制定出台生态环境领域健全以信用为基础的新型监管机制的相关指导意见，理顺事前、事中、事后全流程监管环节，完善分级分类监管，提升监管效能，并衔接企业环境信息

---

① 参见张毅、王宇华、黄菊、王启飞《信用监管何以有效？——基于后设监管理论的解释》，《中国行政管理》2021 年第 10 期。

依法公示制度，促进优化营商环境、推动企业高质量发展。同时，加快修订《企业环境信用评价办法（试行）》（环发〔2013〕150号），根据社会信用体系建设的总体要求，补充信用承诺、信用修复等内容，全面提升环保信用监管的规范化程度。

二是进一步完善环保信用监管工作体系。建议逐步改善现行的环保信用监管模式，省级以下生态环境部门对重点排污单位等开展信用评价，评价结果主要用于生态环境部门内部开展信用分级分类监管，同时在相关部门间进行政务共享；在具备条件的地方，引导第三方机构开展环保信用评价。

三是开展环保信用信息规范化管理。建立全国范围的环保信用信息平台，将环保信用信息管理作为环保信用监管体系的基础，制定环保信用信息管理规范和标准，畅通环保信用信息的采集、公开、共享、利用等关键环节，依托环保信用信息建立全流程的环保信用监管体系。

四是强化环保信用的应用。结合“双随机、一公开”监管，推动实施分级分类监管，鼓励省级生态环境部门实施符合地方生态环境监管特点的分级分类监管措施。鼓励探索跨行政区域互信互认机制，鼓励探索开展工业园区环保信用评价，进一步推动市场性、行业性环保信用惩戒措施的实施。

参考文献

安蔚、钱文敏、杨宗慧、柴艳：《我国环境信用评价体系建设制度研究与政策建议》，《四川环境》2021年第3期。

别涛、刘倩、季林云：《生态环境损害赔偿磋商与司法衔接关键问题探析》，《法律适用》2020年第7期，第3~10页。

陈明扬、胡颖铭、吕瑞斌、吕晓彤、王忠：《四川省企业环境信用评价体系探索》，《四川环境》2017年第1期。

崇佳文：《企业环保信用体系研究——以苏州市S公司为例》，硕士学位论文，苏州科技大学工程专业，2019。

丁飞、周铭、张晶、王海红、卫小平：《企业环境信用评价在企业运营和行政监管过程中的应用研究》，《环境科学与管理》2021年第3期。

关阳、李明光：《企业环境行为信用评价管理制度的实践与发展》，《环境经济》2013 年第 3 期。

韩家平：《信用监管的演进、界定、主要挑战及政策建议》，《征信》2021 年第 5 期。

郝菁、刘丽莎、宋晨光：《青岛市企业环境信用评价体系优化与应用研究》，《环境保护科学》2018 年第 3 期。

何玲：《“清单管理”助力信用法治建设行稳致远——专家解读〈全国公共信用信息基础目录（2021 年版）〉和〈全国失信惩戒措施基础清单（2021 年版）〉》，《中国信用》2022 年第 1 期。

黄锡生、王美娜：《环境不良信用信息清除制度探究》，《重庆大学学报》（社会科学版）2018 年第 4 期。

季林云、孙倩、齐霁：《刍议生态环境损害赔偿制度的建立——生态环境损害赔偿制度改革 5 年回顾与展望》，《环境保护》2020 年第 24 期。

孔祥稳：《作为新型监管机制的信用监管：效能提升与合法性控制》，《中共中央党校（国家行政学院）学报》2022 年第 1 期。

李颖：《环境保护黑名单制度研究》，硕士学位论文，内蒙古科技大学法律专业，2020。

连维良：《推进社会信用体系建设　营造公平诚信的市场环境》，《中国经贸导刊》2016 年第 21 期。

刘君儒：《环境信用修复制度研究》，硕士学位论文，重庆大学法律专业，2020。

龙文滨、李四海、丁绒：《环境政策与中小企业环境表现：行政强制抑或经济激励》，《南开经济研究》2018 年第 3 期。

罗培新:《遏制公权与保护私益:社会信用立法论略》,《政法论坛》2018年第6期。

罗培新:《论社会信用立法的基本范畴》,《中国应用法学》2023年第2期。

莫林:《公共信用制度的法理重构》,博士学位论文,西南政法大学法学理论专业,2021。

沈凯、王雨本:《信用立法的法理分析》,《中共中央党校学报》2009年第3期。

苏丽萍、冉涛:《重庆市企业环境信用评价体系建设存在的问题及解决路径研究》,《环境科学与管理》2017年第2期。

王华、Linda Greer、蔺梓馨:《环境信息公开的实践及启示》,《世界环境》2008年第5期。

王莉:《我国企业环保信用评价指标体系的三维建构》,《江西社会科学》2019年第6期。

王莉:《我国企业环保信用评价制度的重构进路》,《法学杂志》2018年第10期。

王梦颖:《我国企业环境信用评价制度研究》,硕士学位论文,河北地质大学环境与资源保护法学专业,2019。

王瑞雪:《公法视野下的环境信用评价制度研究》,《中国行政管理》2020年第4期。

王淑芹:《信用概念疏义》,《哲学动态》2004年第3期。

王伟:《公共信用的正当性基础与合法性补强——兼论社会信用法的规则设计》,《环球法律评论》2021年第5期。

王伟：《目录清单制是社会信用体系建设迈向良法善治的最新实践》，《中国信用》2022年第1期。

王伟：《信用监管的制度逻辑与运行机理——以国家治理现代化为视角》，《科学社会主义》2021年第1期。

王锡锌、黄智杰：《论失信约束制度的法治约束》，《中国法律评论》2021年第1期。

王远、陆根法、罗轶群、万玉秋、陈金龙：《工业污染控制的信息手段：从理论到实践》，《南京大学学报》（自然科学版）2001年第6期。

武照亮、张冉、段存儒、周小喜：《公众压力是否影响企业环境信用评级的变化——基于企业能力的调节效应》，《干旱区资源与环境》2022年第8期。

萧大伟：《山东省企业环境信用评价指标体系研究》，硕士学位论文，新疆大学公共管理专业，2016。

许超、唐江、李巍、舒丽娟、夏美琼、凌敏：《湖南省企业环保信用工作的实践与思考》，《环境与发展》2022年第8期。

尹建华、弓丽栋、王森：《陷入“惩戒牢笼”：失信惩戒是否抑制了企业创新？——来自废水国控重点监测企业的证据》，《北京理工大学学报》（社会科学版）2018年第6期。

袁文瀚：《信用监管的行政法解读》，《行政法学研究》2019年第1期。

张国兴、邓娜娜、管欣、程赛琰、保海旭：《公众环境监督行为、公众环境参与政策对工业污染治理效率的影响：基于中国省级面板数据的实证分析》，《中国人口·资源与环境》2019年第1期。

张金智、王亚茹：《〈山东省企业环境信用评价办法〉实施近两年，评价企业近8万家：企业环境信用评价，四两拨千斤》，《环境经济》2019年第2期。

张鲁萍：《环境领域失信联合惩戒：实践展开、制约因素与规制路径》，《征信》2022年第6期。

张毅、王宇华、黄菊、王启飞：《信用监管何以有效？——基于后设监管理论的解释》，《中国行政管理》2021年第10期。

章志远：《监管新政与行政法学的理论回应》，《东方法学》2020年第5期。

赵德君：《省级企业环境信用评价指标对比分析与展望》，《农业与技术》2022年第5期。

周君蕊、刘浩、朱婧瑄、黄亿琦：《关于武汉市企业环境信用评价体系构建的研究与思考》，《绿色科技》2019年第20期。

图书在版编目(CIP)数据

中国环保信用制度发展报告 / 李萱等著. -- 北京：社会科学文献出版社,2023.12

(中国生态文明理论与实践研究丛书)

ISBN 978-7-5228-2832-9

Ⅰ.①中… Ⅱ.①李… Ⅲ.①环境保护-信用制度-研究报告-中国 Ⅳ.①X321.202

中国国家版本馆 CIP 数据核字(2023)第 219834 号

· 中国生态文明理论与实践研究丛书 ·

中国环保信用制度发展报告

著　　者 / 李　萱　李华友　韩文亚　文秋霞

出 版 人 / 冀祥德
责任编辑 / 胡庆英
文稿编辑 / 刘　扬
责任印制 / 王京美

出　　版 / 社会科学文献出版社 · 群学出版分社（010）59367002
地址：北京市北三环中路甲 29 号院华龙大厦　邮编：100029
网址：www.ssap.com.cn
发　　行 / 社会科学文献出版社（010）59367028
印　　装 / 三河市龙林印务有限公司

规　　格 / 开　本：787mm × 1092mm　1/16
印　张：10　字　数：118 千字
版　　次 / 2023 年 12 月第 1 版　2023 年 12 月第 1 次印刷
书　　号 / ISBN 978-7-5228-2832-9
定　　价 / 79.00 元

读者服务电话：4008918866